高职高专"十三五"规划教材
高等职业教育计算机类新型一体化规划教材

PHP 程序设计基础教程

林世鑫　主　编

电子工业出版社
Publishing House of Electronics Industry
北京·BEIJING

内 容 简 介

全书共 14 章，第 1～8 章为程序设计基础知识，主要包括 PHP 概述与开发环境搭建、变量与常量、数据类型与运算符、程序控制结构、函数、字符串处理、数组与面向对象程序设计。第 9～11 章为 PHP 提高部分知识，包括 PHP 与 Web 数据交互、Session 与 Cookie、文件系统。第 12 章为 PHP 与 MySQL 数据库。第 13、14 章为综合实践提高部分，介绍"校园公告栏"与"实训室管理系统"两个项目。

本书配备思考练习与参考答案、教学 PPT 及慕课学习平台。全书所有的示例程序，都提供完整的源代码，读者可通过扫描二维码下载，参考学习。

本书适用于软件技术、软件工程、移动应用开发等专业的课程，也适用于计算机应用技术、计算机网络技术、信息工程或电子商务专业的课程，对于培训机构、PHP 程序爱好者，也有较大的参考价值。

未经许可，不得以任何方式复制或抄袭本书之部分或全部内容。
版权所有，侵权必究。

图书在版编目（CIP）数据

PHP 程序设计基础教程 / 林世鑫主编. —北京：电子工业出版社，2018.6
ISBN 978-7-121-34190-8

Ⅰ. ①P… Ⅱ. ①林… Ⅲ. ①PHP 语言—程序设计—高等职业教育—教材 Ⅳ. ①TP312.8

中国版本图书馆 CIP 数据核字（2018）第 103048 号

策划编辑：李　静（lijing@phei.com.cn）　　　邓妙怡
责任编辑：朱怀永　　　　　　　　　　　　　　文字编辑：李　静
印　　刷：三河市良远印务有限公司
装　　订：三河市良远印务有限公司
出版发行：电子工业出版社
　　　　　北京市海淀区万寿路 173 信箱　邮编 100036
开　　本：787×1092　1/16　印张：17.25　字数：441.6 千字
版　　次：2018 年 6 月第 1 版
印　　次：2018 年 6 月第 1 次印刷
定　　价：45.00 元

凡所购买电子工业出版社图书有缺损问题，请向购买书店调换。若书店售缺，请与本社发行部联系，联系及邮购电话：（010）88254888。
质量投诉请发邮件至 zlts@phei.com.cn，盗版侵权举报请发邮件至 dbqq@phei.com.cn。
本书咨询联系方式：（010）88254604，lijing@phei.com.cn。

前　言

　　PHP 是一门优秀的程序设计语言，有程序员给出"PHP 是世界上最好的语言"的评价，这难免有失偏颇，但 PHP 在程序界的受欢迎程度，却可窥一斑。目前许多高职院校的计算机类专业都开设了 PHP 程序设计课程，包括 PHP 程序设计、PHP 动态网站建设、PHP 移动应用开发等。

　　本书是根据高职院校的学情编写的，以让学生更好地理解、掌握 PHP 语言为出发点，以学生零基础为假设前提，以训练编程思维、掌握程序开发常用技术为目标。

　　在内容上，笔者考虑大多数高职院校的计算机类专业都单独开设 HTML 与数据库技术类的课程，本书不再专门论述这两个模块的知识内容。

　　本书具有以下特点：

　　一、在知识表述上，本书尽量避免晦涩费解的专业术语。在针对每个知识点所举的示例中，也尽可能做到示例程序本身，具备讲解功能。

　　二、注重"学以致用"，本书借助大量的示例程序及实际应用中常见的软件功能用例，使读者直观地理解知识的含义及应用场景。

　　三、对于拓展知识或者在实际应用中需要注意的问题，本书以"注意"的形式指出，便于读者扩展学习。

　　四、在内容的安排上，本书以基础学习为核心，兼顾提高加深层次。在难度的分布上，由易到难，由普适性向针对性逐步过渡。

　　五、充分发挥现在媒体平台及移动智能终端的优势，本书大篇幅的示例程序及综合项目源代码，都可以通过扫描二维码获得。

　　为了便于教学工作的开展及学生的自学复习，本书的第 1～12 章，还精心制作了教学 PPT 与慕课视频，便于各位师生的教、学之需。第 13、14 章的综合项目部分，提供了完整的源代码。师生可根据需要，扫描二维码下载学习。

　　为了加深学生对知识点的印象与理解，也帮助教师了解学生的掌握情况，每章后面都配套了一些思考练习题，尤其是"应用练习"部分。学生可以利用这部分内容，有的放矢，加强学习，加深理解。

　　广大教师使用本书时，如果学习程序设计基础类的课程，可以将重点放在第 1～8 章，重点讲解，使学生具备后续课程的学习基础。对于网站开发类的课程，使用本书时，建议对第 9 章、第 10 章与第 13 章加以深入学习，尤其应注重理解 B-S 模式软件的工作原理、Session

技术及 PHP 与数据库技术等章节。对于软件技术类的课程，需要培养学生具备综合的软件开发、发布与运维能力。使用本书时，可关注第 13、14 章的两个综合项目。第 13 章的项目比较简单，实现过程也相对容易。第 14 章还涉及需求分析、软件设计、数据库设计与系统发布等内容，覆盖面更广更全，对学生的要求也相应更高，可根据学情灵活把握。

本书是笔者在近三四年的实际教学中，根据不同专业的学情特点，对教学讲义不断修改完善而来的。在教学过程中，许多学生提出了很多希望与建议，也找出许多错误，感谢学生们的坦诚与认真。从教路上，有此等贤棣良友，实为人生一幸。

感谢电子工业出版社的李静、邓妙怡两位编辑的鼎力帮忙。尤其是李编辑，给本书提了许多中肯的修改建议，提供了大量的条件与资源。她们的信任与支持，使一叠粗糙的课堂讲义，得以蜕变为精美的教材。此份感激，难以言表。

感谢内子阿君的担当与付出，她在繁重的工作学习之余，默默承揽了柴米油盐、孩啼娃哭的烦扰，使本人得以静享三寸书台，专心致力于本书的编写与配套资源的制作。

本书难免存在疏漏和不足之处。欢迎广大师生在使用的过程中，大力勘误，不吝指正，以臻至善，不胜感激。

本书各章节均配置慕课视频，可扫码观看，本书配备精美 PPT 资源，可搜索华信教育资源网（http://www.hxedu.com.cn）自行下载。

林世鑫

2018 年春节于雷州半岛

目 录

第 1 章 PHP 概述与开发环境搭建 ·· 1
  1.1 PHP 概述 ··· 1
  1.2 软件模式 ··· 2
  1.3 PHP 工作原理 ·· 3
  1.4 PHP 开发环境搭建 ··· 5
    1.4.1 工具介绍 ·· 5
    1.4.2 phpStudy 的安装配置 ··· 5
  思考与练习 ··· 9

第 2 章 变量与常量 ·· 10
  2.1 变量 ··· 10
    2.1.1 自定义变量 ·· 11
    2.1.2 静态变量 ··· 12
    2.1.3 预定义变量 ··· 14
    2.1.4 外部变量 ··· 15
  2.2 变量的作用域 ·· 17
  2.3 变量的检查与释放 ··· 19
  2.4 常量 ··· 21
  思考与练习 ··· 23

第 3 章 数据类型与运算符 ·· 25
  3.1 数据类型 ·· 25
    3.1.1 数值型 ··· 25
    3.1.2 字符串型 ··· 25
    3.1.3 布尔型 ··· 29
    3.1.4 数据类型的转换 ··· 30

3.2 运算符 ... 35
   3.2.1 算术运算符 ... 35
   3.2.2 赋值运算符 ... 36
   3.2.3 位运算符 ... 36
   3.2.4 逻辑运算符 ... 39
   3.2.5 关系运算符 ... 40
   3.2.6 递增、递减运算符 ... 40
   3.2.7 三目运算符 ... 41
3.3 运算符的优先级 ... 42
3.4 表达式 ... 43
思考与练习 ... 43

第 4 章 程序控制结构 ... 45

4.1 条件分支结构 ... 45
   4.1.1 单分支条件结构 ... 45
   4.1.2 双分支条件结构 ... 46
   4.1.3 多分支条件结构 ... 47
   4.1.4 switch 结构 ... 49
4.2 循环结构 ... 52
   4.2.1 while 循环 ... 52
   4.2.2 do…while 循环 ... 53
   4.2.3 for 循环 ... 54
   4.2.4 foreach 循环 ... 55
   4.2.5 嵌套循环 ... 58
4.3 流程控制符 ... 59
   4.3.1 break ... 59
   4.3.2 continue ... 60
   4.3.3 return 与 exit ... 60
思考与练习 ... 62

第 5 章 函数 ... 65

5.1 系统函数 ... 65
   5.1.1 数据检查类函数 ... 65
   5.1.2 时间日期类函数 ... 66
   5.1.3 随机函数 ... 72
   5.1.4 文件包含函数 ... 73
5.2 自定义函数 ... 75
   5.2.1 函数的定义 ... 75
   5.2.2 函数的调用 ... 75

| 5.2.3 函数的执行 76
| 5.2.4 函数的参数 76
| 5.2.5 函数体 79
| 5.2.6 函数返回值 79
| 5.2.7 函数的递归调用 80
| 5.3 变量函数 81
| 思考与练习 83

第 6 章 字符串处理 86

    6.1 常用输出函数 86
        6.1.1 输出函数 86
        6.1.2 格式化输出函数 87
    6.2 常用字符串操作函数 90
        6.2.1 字符串长度函数 90
        6.2.2 字符串截取函数 91
        6.2.3 字符串剪裁函数 92
        6.2.4 字符串替换函数 93
        6.2.5 字符串查找函数 97
        6.2.6 字符与 ASCII 码转换函数 99
        6.2.7 字符串比较函数 99
        6.2.8 字符串加密函数 100
        6.2.9 字符串转换数组 102
    思考与练习 104

第 7 章 数组 107

    7.1 数组的结构 107
    7.2 数组的定义 108
        7.2.1 一维数组的定义 108
        7.2.2 二维数组的定义 110
    7.3 数组的长度 111
    7.4 数组的删除 112
        7.4.1 删除整个数组 112
        7.4.2 删除数组元素 113
        7.4.3 删除重复的数组元素 114
    7.5 数组的遍历 115
        7.5.1 数组的遍历方法 115
        7.5.2 数组遍历的函数 116
        7.5.3 二维数组的遍历 118

7.6 数组的排序 118
7.6.1 升序 119
7.6.2 降序 121
7.6.3 随机排序 122
7.6.4 array_multisort( )函数 123
7.7 数组的入栈与出栈 126
7.8 数组的查询 128
思考与练习 128

第 8 章 面向对象程序设计 131

8.1 类的简介 131
8.1.1 类的定义与初始化 132
8.1.2 类的属性 134
8.1.3 类的方法 136
8.2 类的继承 137
8.3 类的多态性与 final 关键字 139
8.3.1 类的多态性 139
8.3.2 final 关键字 140
8.4 抽象类与接口 142
8.4.1 抽象类 142
8.4.2 接口 144
8.5 __autoload( )方法 147
思考与练习 149

第 9 章 PHP 与 Web 数据交互 153

9.1 表单数据的处理 153
9.1.1 获取表单控件的值 153
9.1.2 处理表单控件的值 156
9.2 URL 参数的处理 161
9.3 文件上传操作 163
9.3.1 配置 php.ini 文件 163
9.3.2 预定义变量$_FILES 164
9.3.3 move_uploaded_file( )函数 166
思考与练习 166

第 10 章 Session 与 Cookie 169

10.1 Session 169
10.1.1 Session 的注册与使用 170
10.1.2 Session 的释放 171

10.1.3　设置 Session 的生命期 …… 173
10.1.4　设置 Session 的保存位置 …… 174
10.2　Cookie …… 176
10.2.1　Cookie 的创建 …… 176
10.2.2　Cookie 信息的读取 …… 177
10.2.3　删除 Cookie …… 178
10.3　Session 与 Cookie 的应用 …… 179
思考与练习 …… 179

第 11 章　文件系统 …… 181

11.1　目录操作 …… 181
11.1.1　打开文件夹 …… 181
11.1.2　浏览文件夹 …… 182
11.1.3　操作文件夹 …… 184
11.1.4　其他文件夹操作函数 …… 189
11.2　文件操作 …… 191
11.2.1　文件的打开与关闭 …… 192
11.2.2　文件的读操作 …… 194
11.2.3　文件的写操作 …… 199
11.2.4　文件内容的指针操作 …… 202
11.2.5　文件的其他操作函数 …… 203
思考与练习 …… 204

第 12 章　PHP 与 MySQL 数据库 …… 206

12.1　phpMyAdmin …… 206
12.1.1　phpMyAdmin 的用户界面 …… 206
12.1.2　phpMyAdmin 的基本操作 …… 208
12.1.3　触发器 …… 213
12.1.4　数据库的导入与导出 …… 214
12.2　PHP 操作 MySQL 的基本步骤 …… 216
12.2.1　连接 MySQL 服务器 …… 216
12.2.2　选择数据库 …… 218
12.2.3　执行 SQL 语句 …… 218
12.3　MySQL 常用操作函数 …… 220
12.4　数据的分页处理 …… 222
思考与练习 …… 224

第 13 章　综合实践 I—校园公告栏 …… 226

13.1　总体设计 …… 226

13.2 系统的实现与程序 ··· 227
  13.2.1 建立系统站点 ··· 227
  13.2.2 系统前端的设计与实现 ··· 229
  13.2.3 系统后台的设计与实现 ··· 231

第14章 综合实践 II——实训室管理系统 ································· 235

14.1 总体设计 ··· 235
14.2 数据库规划设计 ··· 236
14.3 系统数据流程图 ··· 238
14.4 系统的实现与关键程序 ··· 240
  14.4.1 建立系统站点 ··· 240
  14.4.2 数据库连接 ··· 242
  14.4.3 登录验证模块的设计与实现 ································· 242
  14.4.4 系统主界面的设计与实现 ···································· 244
  14.4.5 实训中心模块的设计与实现 ································· 245
  14.4.6 实训室模块的设计与实现 ···································· 250
  14.4.7 使用登记模块的设计与实现 ································· 252
14.5 系统的发布部署 ··· 255

# 第 1 章　PHP 概述与开发环境搭建

 ## 1.1　PHP 概述

1. PHP 的定义

PHP（Hypertext Preprocessor，超文本预处理器），起源于 1995 年，是一种运行于服务器端、跨平台、HTML 嵌入式、面向对象的脚本语言。它的语法混合了 C、JAVA 和 PERL 等语言的特点，语法结构简单，易于入门，PHP 被广泛应用于各种应用程序开发中，尤其是 Web 应用程序开发，在移动应用开发方面，近年来也应用广泛。目前其官网推出的最新版本是 7.0，比较成熟的版本是 5。

2. PHP 的优势

PHP 语言属于开放源代码软件，使用 PHP 进行 Web 应用程序开发的优势主要如下。

- 易学性：PHP 嵌入在 HTML 语言中，语法简单，书写容易，内置函数丰富，功能强大，易于学习掌握。
- 免费：PHP 是免费的开源软件，在其官网可以免费下载。
- 安全性：在当前常见的 Web 应用程序开发脚本语言中，PHP 的安全性较高是公认的，它经 Apache 平台编译后运行，这使它的安全设定更灵活。
- 跨平台性：PHP 对操作系统平台的支持很广泛，几乎所有常见的操作系统平台它都能很好地运行（Windows，UNIX，Linux，Operating System/2 等），而且还支持 Apache、IIS 等多种服务器（通常运行在 Apache 服务器中）。
- 强大的数据库支持：多种数据库均支持 PHP 语言，如 MySQL、Access、SQL Server、Oracle 等，目前比较流行的是 PHP 语言与 MySQL 数据库组合使用。
- 执行快：PHP 内嵌 Zend 加速引擎，性能稳定，并且占用资源少，代码执行速度快。

3. PHP 的应用领域

PHP 适用的开发范围非常广泛，主要有：

- 中小型网站开发。
- 大型网站的业务结果展示。
- Web 办公管理系统。

- 电子商务应用。
- Web 应用系统开发。
- 多媒体系统开发。
- 企业应用开发。
- 移动应用开发。

　　PHP 在程序设计、软件开发界,地位正日益突出,吸引大量的开发人员,其发展速度也远快于在它之前出现的任何一种计算机语言。根据最新的统计数据,全球超过 2 千万个网站与近 2 万家公司正在使用 PHP 语言,包含百度、雅虎、谷歌等著名网站,还有许多银行、航空系统,甚至对网络环境要求非常苛刻的军事系统,都选择使用 PHP 语言,可见其魅力之大,功能之强,性能之佳。

1.2　软件模式

　　随着网络技术的不断发展,互联网已经渗透人们日常生活的方方面面,传统的单机模式的软件程序,已经成为过去,取而代之的是网络模式下各种各样的软件程序。C/S 模式与 B/S 模式是软件程序中运用最多的两种模式。

1. C/S 模式

　　C/S 模式的全称是 Client/Server,即客户机/服务器模式,在这种模式的软件程序中,所有的工作由服务器与客户机完成。C/S 软件模式如图 1-1 所示。

图 1-1　C/S 软件模式

　　在 C/S 模式中,软件分成两部分,一部分运行在服务器端,负责管理外界对数据库的访问,为多个客户机程序管理数据,对 C/S 模式中的数据库层层加锁,进行保护。另一部分运行在客户机上,负责与软件用户交互,收集用户信息,通过网络向服务器提交或请求数据。此类软件常见的有腾讯的 QQ、微信。

2. B/S 模式

　　B/S(Browser/Server,浏览器/服务器)模式的软件结构,在客户端不需要再安装任何软件程序,统一使用浏览器操作,用户通过浏览器向软件程序所在的服务器发出操作请求,再由服务器对数据库进行操作,最后将结果传回给客户机的浏览器。B/S 模式图如图 1-2 所示。

图 1-2　B/S 模式图

由图可见，B/S 模式实质是一种三层体系的软件结构。它简化了客户机的工作，把更多的工作交给服务器完成，而数据的存储、处理、查询、安全等工作，则交给数据库系统完成。

3. 两种模式的比较分析

（1）开发与维护成本。C/S 模式的软件程序中，针对不同的客户机环境（操作系统），要开发不同的程序，而且，所有的客户机都要进行程序的安装、修改、升级，因此，成本较高。而 B/S 模式的软件，客户机只需有通用的浏览器即可，无须考虑维护成本，所有的维护与升级都在服务器上进行，因此成本大大降低。

（2）客户机负载。C/S 模式中，客户机由于参与具体的数据处理、显示任务，因此负载重。如果系统的功能越复杂，那么客户机的应用程序也就越庞大，客户机负载相应增加，称为"肥客户机"。B/S 模式中，客户机只负责数据结果的显示，数据处理事务都交给了服务器，因此客户机的负载较小，称为"瘦客户机"。

（3）可移植性。C/S 模式的软件程序移植困难，不同的开发工具开发的应用程序，通常互不兼容，难以移植到其他平台上运行。而 B/S 模式的软件程序，因为客户端只需通用浏览器，不存在移植性问题。

（4）用户界面。C/S 模式中，用户的界面是由客户机的软件决定的，不同的客户机，用户界面可能互不相同，培训用户所耗的时间很长，费用也很高。而 B/S 模式中，客户端的浏览器所显示的数据界面，是由服务器统一返回显示的，并且通常浏览器的界面统一友好，用户运行软件时，类似于浏览一个网页，因此培训的时间与费用大大降低。

（5）安全性。C/S 模式的软件适用于专人使用的系统，通过严格的管理来派发软件，C/S 模式适合对安全性要求较高的专用软件，B/S 模式则适合交互性强、使用人数多、安全性要求不苛刻的应用环境。

综上所述，B/S 模式相对于 C/S 模式而言具有更多的优势，因此，目前大量的应用开发软件都转移到 B/S 模式中，尤其是互联网的深入人心，电子商务进一步发展的需求，移动通信终端技术的日益完善与强大，客户机简便化的使用要求等因素，都进一步推动了 B/S 模式的广泛应用。

1.3　PHP 工作原理

使用 PHP 开发的系统就是一个典型的 B/S 模式软件，它由一系列的 PHP 程序文件组成，存放并运行在 Web 服务器上。PHP 网站工作原理示意图如 1-3 所示。

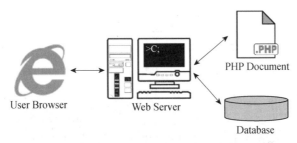

图 1-3　PHP 网站工作原理示意图

如图1-3所示，User Browser表示客户机的浏览器，即B/S模式中的B端，Web Server表示服务器端，从功能结构上，它同时包括PHP网站的脚本文档（PHP Document）和数据库（Database）。

用户通过浏览器向服务器发出访问PHP页面的请求，服务器接收到该请求后，在将页面信息发送到客户机的浏览器之前，会先将文件中的PHP程序进行加工处理（Apache的工作）。如果服务器中没有配置Apache，则服务器无法运行页面中的PHP程序，只能将用户请求的PHP文件直接发送到用户的浏览器上以对HTTP的要求做出应答。在这种情况下，用户在浏览器中只能得到一个可下载的PHP文件或者一系列错误信息，无法看到正确的网站运行结果。浏览器中只得到可下载的PHP文件如图1-4所示。

图1-4 浏览器中只得到可下载的PHP文件

PHP网站工作流程可以用图1-5描述。如果服务器（S）支持PHP程序，则服务器在响应客户机（C）对PHP页面的访问请求时，会进行下列处理：首先在一个PHP文件内，标准的HTML编码会被直接送到客户机浏览器上，而内嵌PHP程序则先被Apache解释运行，涉及数据读写时，联系DB完成；再把运行的结果以HTML编码的形式发送到客户机的浏览器上。如果是标准输出的话，输出信息也将作为标准的HTML编码被送至浏览器。一个典型的PHP页面文件的内容构成如图1-6所示。

图1-5 PHP网站工作流程

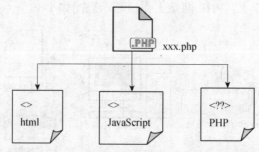

图1-6 一个典型的PHP页面文件的内容构成

由图1-6可见一个PHP文档不一定是单纯的PHP程序，而是在HTML语言中嵌套

JavaScript。

1.4 PHP 开发环境搭建

学习 PHP 程序，首先要搭建 PHP 的开发与运行环境。Windows 与 Linux 操作系统，有多种不同的 PHP 开发工具和服务器软件，其安装配置过程大同小异。考虑绝大多数的 PC 用户使用 Windows 系统，我们只介绍在 Windows 系统中相关开发工具与运行环境的配置。

1.4.1 工具介绍

在 Windows 系统中，PHP 程序开发的主要工具如下。
程序编辑软件：Dreamweaver，目前最新版本是 CS6。
服务器软件：Apache+PHP。
数据库软件：MySQL。

Apache 与 Mysql 的启动

Dreamweaver 中站点与服务器的配置

其中，使用集成软件包 phpStudy，可以实现 Apache+PHP+MySQL 一步安装配置到位，方便快捷。

phpStudy 软件包，集成多种服务器软件及数据库软件，包括 Apache、Nginx、LightTPD、PHP、MySQL、phpMyAdmin、Zend、Optimizer 及 Zend Loader。并且在安装 phpStudy 时，这些软件均一次安装，无须再做复杂的配置，全面支持 Win7/Win8/Win2008 等操作系统。phpStudy 提供了非常方便、好用的 PHP 调试环境，而且该软件是免费的，可以直接在其官方网站下载。

PHP 的程序编辑软件比较容易获得，任何文本编辑工具都可以编辑 PHP 程序，如系统自带的记事本。但还有不少专门用于 PHP 开发的程序编辑器，这类软件为程序员提供了很好的用户界面及 PHP 编码提示，不仅可以提高编码效率，而且能够在开发过程中，及时发现问题。如 Dreamweaver、notepad、sublime 都是非常流行的 PHP 编辑工具。

本书介绍的 Dreamweaver 版本是 CS6，phpStudy 版本是 2018，操作系统版本是 Windows 7 32 位旗舰版。

1.4.2 phpStudy 的安装配置

1. phpStudy 的安装

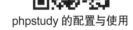
PhpStudy 的安装　　phpstudy 的配置与使用

从官网下载 phpStudy 安装包以后，则可按以下步骤进行安装：
（1）双击 phpStudy Setup.exe 文件，打开如图 1-7 所示的安装界面。

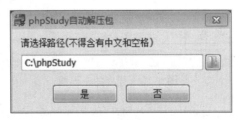

图 1-7　安装界面

（2）可以保留默认的路径，单击"是"按钮，进入软件安装包的解压界面，如图1-8所示。

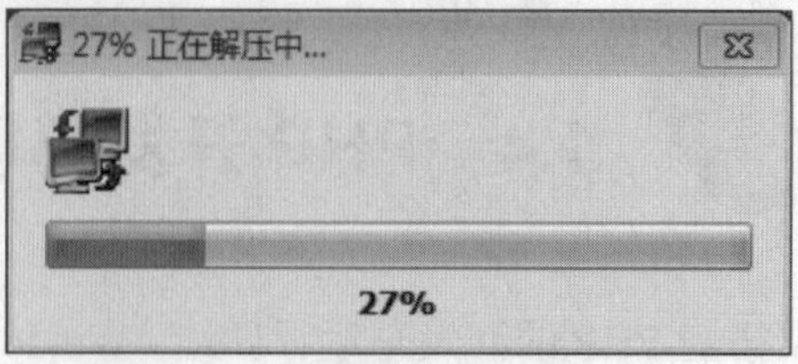

图1-8　软件安装包的解压界面

（3）解压完成，软件将自动运行，出现更新选择界面，如图1-9所示。

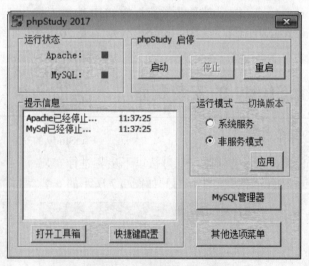

图1-9　更新选择界面

（4）如果需要检查是否有更新的软件版本，可以单击"更新到最新版本"按钮，打开phpStudy的官网下载最新版本。也可直接单击"跳过"按钮，进入程序的主界面，如图1-10所示。

图1-10　程序的主界面

（5）单击"启动"按钮，Apache与MySQL的指示灯将由红变绿，表示两个服务器都已启动，可以正常运行PHP程序与MySQL数据库。启动窗口如图1-11所示。

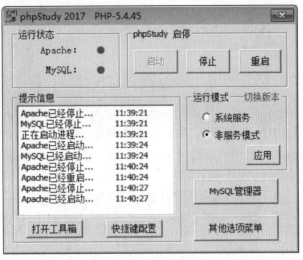

图 1-11　启动窗口

 提示：

以上安装过程，可以参考慕课《安装 phpStudy》进行操作；如果 Apache 或 MySQL 无法启动，请参考慕课《启动 Apache 与 MySQL》中的操作进行解决。

2. phpStudy 的配置与使用

（1）启动 phpStudy，确保 Apache 与 MySQL 两项服务都已启动（绿灯）。

（2）单击"其他选项菜单"按钮，弹出快捷菜单后，在菜单中选择"My HomePage"选项，如图 1-12 所示。

图 1-12　选择"My HomePage"选项

（3）程序将打开浏览器窗口，如图 1-13 所示，并显示"Hello World"内容，表明 Apache 与 PHP 都已运行成功。

图 1-13 "浏览器"窗口

如果要测试自己的 PHP 项目程序,则按以下步骤进行。

(1) 启动 phpStudy,单击"其他选项菜单"按钮,在弹出快捷菜单中选择"端口常规设置"选项,打开"端口常规设置"窗口,如图 1-14 所示。

图 1-14 "端口常规设置"窗口

(2) 单击"网站目录"右边的"打开"按钮,选择要测试的程序文件所在的目录,然后单击"应用"按钮。此时"端口常规设置"窗口将关闭,弹出程序重启提示框,单击"确定"按钮,如图 1-15 所示。

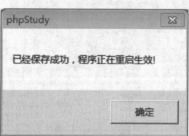

图 1-15 程序重启提示框

(3) Apache 重启完成以后,单击"其他选项菜单"按钮,在菜单中单击"My HomePage"选项,打开浏览器,运行的是自定义的 PHP 项目程序,如图 1-16 所示。

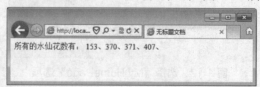

图 1-16 自定义的 PHP 项目程序

关于 phpStudy 的配置与使用,请参考慕课《phpStudy 的配置与使用》。

思考与练习

1. 简述 B/S 模式软件的优点。
2. 在自己的计算机中安装配置 phpStudy 2018 和 Dreamweaver CS6。

第 2 章 变量与常量

2.1 变量

用户登录验证（1） 用户登录验证（2）

在程序设计中，经常涉及大量的数据运算，许多参与运算的数据，需要重复使用，或者处于一种不可预见的变化之中。例如，编写一段加法运算的程序，求两数相加的和。程序的简单流程如下：

用户输入加数 1、加数 2→程序计算两数之和→输出计算结果。

此处就有一个问题：用户输入的两个加数，具体是什么数值呢？这是程序员无法预见的。这就需要在程序设计时，有一种机制，既要保证加法运算正确完成，又必须与参加运算的具体数值无关。这个机制，就是变量。

上文情况中，两个加数的值，是无法预见的，但计算机中所有参与运算的数据，都必须先调入到内存中。利用这个特点，我们可以预先向计算机申请两个内存空间，用于保存这两个加数的值，在进行求和时，只要确保使用这两个内存空间中的数据即可，而不需关心具体的数据是什么。这样，问题就从"用什么数据"转变为"用哪里的数据"。

计算机的每个内存单元都有一个地址，我们可以通过这个地址，找到需要使用的数据所在的内存单元。但由于这些内存单元是计算机操作系统自动分配的，程序员也无法事先估测所分配的内存地址。因此，PHP 引入了一种"内存命名机制"——程序员不必理会具体的内存地址是什么，只需给出内存空间的命名，计算机操作系统分配具体的内存空间后，自动将命名与真正的内存地址映射。内存命名机制如图 2-1 所示。

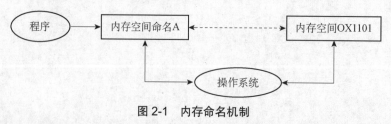

图 2-1 内存命名机制

这个内存空间名，就是"变量"。顾名思义，这个量的值，在程序运行的过程中，是可以改变的——因为它只是一个内存空间的名称，而这个内存空间中所保存的值，是可以改变的。

变量所占的内存空间的大小，取决于变量中所要保存的数据的类型。

在非中途强行释放的前提下,这个变量名与内存空间地址之间的映射关系,在程序运行期内一直有效,程序运行结束,操作系统则释放这种映射关系,回收内存空间,变量名失效。

在 PHP 中,变量分为自定义变量、静态变量、预定义变量与外部变量四种。

2.1.1 自定义变量

PHP 中自定义变量有两种:普通变量与静态变量。

定义一个有效的 PHP 变量名,必须遵循以下几个要求:

- 使用符号$定义;
- 变量名中的字符必须是由英文字母或下划线开头,后续字符只能是英文字母、数字或下划线;
- 不允许包含中文字符或其他特殊英文字符;
- 不能使用系统关键字或预定义变量作为自定义变量名。

例如 $A, $_A, $A12, $a_12, $_files 都是合法的变量名。

A,$2a,$a-2,$_FILES,$A#2,$加数等都是非法的变量名。其中,$_FILES 是系统的预定义变量。

【例 2-1】定义一组合法的变量,并给这些变量赋值。

```
<?php
    $a=1;
    $a12=2;
    $a_12=3;
?>
```

变量名后面的"="表示赋值的意思,则把"="右边的值,存放到左边的变量名对应的内存空间中。可以把一个具体的数据直接赋值给一个变量,也可以通过另一个变量名给变量赋值。

【例 2-2】给变量赋值。

```
<?php
    $A=12;   //直接把 12 赋予变量 A
    $B=$A;   //把变量 A 的值,存放到变量 B 中
    echo '$A='.$A;
    echo '$B='.$B;
?>
```

例 2-2 程序运行结果如图 2-2 所示。

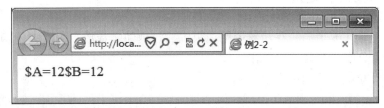

图 2-2 例 2-2 程序运行结果

以上赋值方式,都只影响被赋值的变量,对赋值变量的值没有影响。例如,例 2-2 的第

二个赋值语句中,变量$B 对应的内存空间,存放变量$A 的值 12,但$A 的内存空间及其中的值 12 依然存在。

PHP 还允许采用"引用赋值"方式给变量赋值,这种赋值方式是在赋值变量前加一个&符号。比如:$A=&$B;

【例 2-3】用不同的方式给变量赋值。

```
<?php
    $A=12;   //直接赋值
    $B=&$A; //引用赋值
    echo "A=".$A."<br>";
    echo "B=".$B."<br>";
    $A=25;   //改变 A 的值
    echo "A 的值变为 25 以后, B=".$B."<br>";
    $B=20;   //改变 B 的值
    echo "B 的值变为 20 以后, A=".$A;
?>
```

例 2-3 程序运行结果如图 2-3 所示。

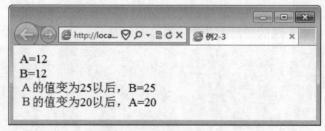

图 2-3　例 2-3 程序运行结果

可见,在引用赋值的方式中,被赋值变量与赋值变量之间,任何一方的值改变,另一方也随之改变。因为这种赋值方式的实质是两个变量共享同一个内存地址。引用赋值实质是两个变量共享一个内存空间如图 2-4 所示。

图 2-4　引用赋值实质是两个变量共享一个内存空间

2.1.2　静态变量

函数中的变量(非全局)在函数调用结束以后,也随之释放,每次调用函数,其中的变量都相当于重新分配、映射一次内存。

【例 2-4】计算函数的调用次数。

```
<?php
    function fun1( )//定义函数 fun1
    {
        $A=1;
```

```
        $A=$A+1;    //$A 在原值基础上+1
        return $A;  //返回 A 的值
    }
    echo "第一次调用函数，A=".fun1()."<br>";
    echo "第二次调用函数，A=".fun1()."<br>";
    echo "第三次调用函数，A=".fun1();
?>
```

例 2-4 程序运行结果如图 2-5 所示。

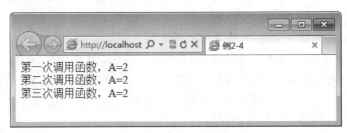

图 2-5 例 2-4 程序运行结果

从例 2-4 程序与图 2-5 可以看出，三次调用函数 fun1( )，函数中的变量$A 的结果都是 2。这是因为函数每次被调用时，其中的变量$A 都被重新赋值 1，然后加 1，函数调用结束，$A 随即被释放，不再占用内存。所以，三次调用函数，相当于三次重新给$A 分配内存空间。

如果需要在调用结束以后，继续保留 fun1( )中$A 的值，为下一次调用计算打基础，即需要把$A 定义成为静态变量。

静态变量与普通变量一样，是一个内存空间的命名映射，其中保存的数据也可以随时改变。静态变量的命名要求，与普通变量也一样。

不同的是，静态变量只能在函数体内定义，并且，它不会因为函数的调用结束而释放，而且一直到整个程序运行结束，才释放。

定义一个静态变量的语法格式如下：

```
static $var_name=var_value;
```

其中，var_name 表示变量名，var_value 表示变量值，可以是一个标量，也可以是一个变量名。

【例 2-5】将例 2-4 中的程序稍做修改，计算函数的调用次数。

```
<?php
    function fun1()        //定义函数 fun1
    {
        static $A=0;       //静态变量初始化
        $A=$A+1;           //$A 在原值基础上+1
        return $A;         //返回 A 的值
    }
    echo "第一次调用函数，A=".fun1()."<br>";
    echo "第二次调用函数，A=".fun1()."<br>";
    echo "第三次调用函数，A=".fun1();
?>
```

例 2-5 程序运行结果如图 2-6 所示。

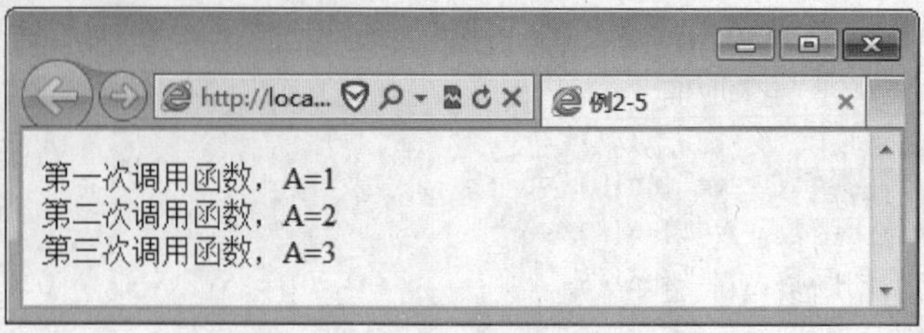

图 2-6 例 2-5 程序运行结果

 注意：

静态变量的初始化语句 static $A=0 只有在第一次调用函数 fun1( )时，才会执行。执行第一次调用以后，$A 会继续存在，其值 1 也得以保留。第二次再调用 fun1( )时，$A 的初始化语句将不再执行，而是直接执行$A=$A+1。因为第一次调用 fun1( )时$A 的值还存在，因此，第二次调用 fun1( )时，$A 的值就在前一次调用的基础上，增加 1，为 2。第三次调用同理。程序运行结束以后，静态变量$A 被释放。

2.1.3 预定义变量

PHP 中除了自定义变量外，还有预定义变量。预定义变量是 PHP 提前定义的变量，并且每个变量名都有其特定的意义或功能，程序员使用时，无须再特别声明与初始化，可直接使用。

所有预定义变量名有两个共同点：

①都是以"$_"开始；

②变量名都是纯大写英文字母。

PHP 的预定义变量有三类，分别是 Web 服务器变量、系统环境变量与 PHP 外部变量。

其中前两类变量中的具体变量名与变量数量都不是固定不变的，它会因 PHP 程序所在的服务器类型、操作系统、Apache 版本的不同而不同。

1. 服务器变量 $_SERVER

服务器变量是一组用于保存服务器信息的变量。

【例 2-6】获取服务器的相关信息。

```
<?php
    echo "服务器使用的端口是".$_SERVER['SERVER_PORT']."<br>";
    echo "页面文件所在的目录是：".$_SERVER['DOCUMENT_ROOT']."<br>";
    echo "服务器的主机名是：".$_SERVER['SERVER_NAME']
?>
```

例 2-6 程序运行结果如图 2-7 所示。

图 2-7 例 2-6 程序运行结果

所有的 PHP 服务器变量的用法都一样，但每个服务器变量的用途不一样。

2. 环境变量 $_ENV

$_ENV 是一个包含 PHP 服务器运行环境配置信息的数组，并且是 PHP 的一个超级全局变量，因此可以在 PHP 程序的任何地方直接访问。

由于$_ENV 变量取决于服务器的环境，在不同的服务器上的$_ENV 变量的结果可能是完全不同的。因此无法像$_SERVER 那样列出完整的$_ENV 列表。有时候，由于服务器的 PHP 配置问题，甚至还会出现$_ENVYO 变量为空的情况。原因通常是 PHP 的配置文件 php.ini 的配置项为 variables_order="GPCS"。若想让$_ENV 的值不为空，那么 variables_order 的值应该改为"EGPCS"。

我们可以尝试使用 print_r($_ENV)函数来显示当前的 PHP 环境变量列表，以及其相应的值。在不同的服务器环境中，得到内容是不一样的。

2.1.4 外部变量

在 Web 程序中，经常要涉及表单提交数据、网址中传递数据或者通过其他程序传递数据，为传递这些数据而产生的变量，称为 PHP 的外部变量。这类变量一共有六个。

① $_GET：该变量是一组在网页中使用 get 方法提交的变量。
② $_POST：是一组在网页中使用 post 方法提交的变量。
③ $_REQEUST：接收所有用户输入的变量。
④ $_COOKIE：当前客户端所有 Cookie 变量组成的数组。
⑤ $_SESSION：当前会话所有 Session 变量组成的数组。
⑥ $_FILES:网页表单中使用 post 方法上传的文件项目组成的数组。

例如，在常见的登录操作中，用户通过登录页面中的表单，填写个人的登录信息，然后单击"登录"按钮，将信息提交登录验证程序。验证程序使用外部变量$_POST 或$_GET 获取这些登录信息，并进行验证处理，验证通过，则登录成功，验证不通过，则登录失败。典型登录验证的流程图如图 2-8 所示。

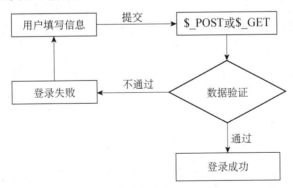

图 2-8 典型登录验证的流程图

【例 2-7】简易的用户登录验证程序。

```
<html>
<head>
```

```php
<meta http-equiv="Content-Type" content="text/html; charset=UTF-8" />
<title>例 2-7 登录验证</title>
</head>

<body>
<?php
//信息获取与验证登陆程序
if(isset($_POST['login']))//判断是否点击"登录"按钮
{
    $user_name=$_POST['uname'];
    $user_pass=$_POST['upw'];
    if($user_name=="admin"&&$user_pass=="admin888")
    {
        echo "登录成功！";
        exit;
    }
    else
        echo "登录失败！";
}
?>
<!--表单使用 post 方式提交信息-->
<form action="" method="post">
<!--登录信息填写-->
<h4 >用户登录</h4>
<td height="30">用户名：<input type="text" name="uname" /></td>
<td>密  码： <input type="password" name="upw" /></td>
<td ><input name="login" type="submit" value="登录" /></td>
</form>

</body>
</html>
```

用户登录界面如图 2-9 所示。

图 2-9 用户登录界面

用户登录成功如图 2-10 所示。

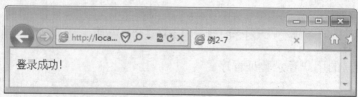

图 2-10 用户登录成功

用户登录失败如图 2-11 所示。

图 2-11　用户登录失败

 注意：

在 HTML 代码中，由于表单 form 的提交方式 method="post"，因此，获取这个表单中各个数据项的外部变量使用$_POST，通过表单中对应元素的 name 属性值获取相应的数据。如用户名对应的文本框名是 uname，即通过$_POST['uname']获得其中的数据。

验证程序中，如果用户名为 admin 并且密码为 admin888，则提示"登录成功"，并用 exit 语句中止后面的程序运行。否则，提示"登录失败"，并继续显示登录信息填写界面。

本例可以通过慕课《用户登录验证》学习。

其他外部变量的具体用法，在后面的章节中，将进行详细介绍。

2.2　变量的作用域

变量的作用域

变量的作用域即变量的有效范围。在变量作用域范围内的程序，可以访问该变量，在变量作用域范围外的程序，无法访问该变量。

根据变量的有效范围，可以将变量分为局部变量与全局变量。

（1）局部变量又可分两种。

・在当前文件的主程序中定义的变量，其作用域限于当前文件的主程序，在其他文件或者当前文件的其他函数中无法访问。

・在函数中定义的变量，只在该函数中有效，函数以外的地方，无法访问该变量。

【例 2-8】在函数体外访问函数体内的变量。

```
<?php
    $A=12;
    $B=3;
    $C=$A+$B;
    function addition( )//定义函数
    {   $A=20;
        $B2=10;
        $C=$A-$B2;
        echo "函数内的变量 C=".$C."<br>";
    }
    addition( );//调用函数
```

```
        echo "函数外的变量 C =".$C."<br>";
        echo "输出变量 A=".$A."<br>";
        echo "输出变量 B2=".$B2;    //输出函数内的变量
?>
```

例 2-8 程序运行结果如图 2-12 所示。

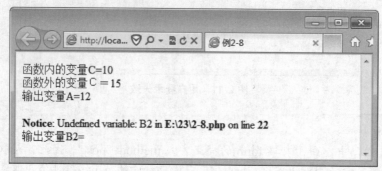

图 2-12　例 2-8 程序运行结果

 注意：

"Undefined variable:B2 in…"表示第 22 行的变量 B2 没定义。这是因为 B2 是函数内部的局部变量，它的作用域是函数 addition( )的内部，跳出这个函数后，该变量就无效。

函数体内与函数体外的主程序中同时存在变量$A 与$C，但函数体内的$A 与$C 的作用范围只在函数体内，而主程序中的变量$A 与$C 的作用范围也不包括函数体内。局部变量的作用域仅在其定义程序块内有效，如图 2-13 所示。

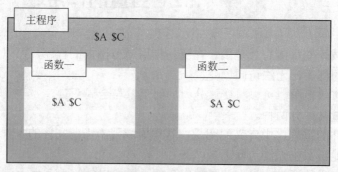

图 2-13　局部变量的作用域仅在其定义程序块中有效

（2）全局变量与局部变量不同，它在程序的任何地方都有效。要把一个变量定义为全局变量，只要在变量名前面加上关键字 global 即可，需要注意的是，PHP 只允许在函数中声明全局变量，并且每次要修改一个全局变量之前，都必须再声明一次该变量为全局变量。

【例 2-9】将例 2-8 的程序稍做改动，在函数体外访问函数体内的全局变量。

```
<?php
    $A=12;
    $B=3;
    $C=$A+$B;
    function addition( )    //定义函数
    {   global $A;          //定义 A 为全局变量
```

```
        $A=20;
        global $B2; //定义 B2 为全局变量
        $B2=10;
        $C=$A-$B2;
        echo "函数内的变量 C=".$C."<br>";
    }
    addition( ); //调用函数
    echo "函数外的变量 C =".$C."<br>";
    echo "输出变量 A=".$A."<br>";
    echo "输出变量 B2=".$B2; //输出函数内的变量
?>
```

例 2-9 程序运行结果如图 2-14 所示。

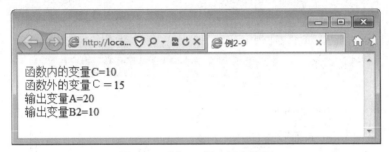

图 2-14 例 2-9 程序运行结果

 注意：

第 3 行程序执行后，$C 的值为 15。主程序调用 addition( )函数以后，执行函数体中的程序，由于函数体中的$A 与$B2 声明为全局变量，因此，函数体中的$A 与主程序中的$A 是同一个变量（这一点与局部变量有区别）。执行函数体完毕，$A 的值变为 20，$B2 的值是 10，函数体中的$C 与主程序中的$C 是两个不同的局部变量。

最后三个输出语句中，只能输出主程序中的$C，而$A 则因为是全局变量，所以输出最后的值 20，因为$B2 也是全局变量，因此，在主程序中也能正确输出。

需要强调的是，由于 PHP 是用于 Web 开发的语言，因此它的全局变量，也只能在当前的 Web 文件中有效，离开当前文件，文件中的程序即运行结束，所涉及的全局变量也全部失效。

2.3 变量的检查与释放

自定义常量

1. 变量的检查

若程序比较复杂，不确定某个自定义变量是否存在或在有效范围内，可以使用 PHP 的系统函数 isset( )来检查某个变量是否存在。例如，要检查变量$A 是否已经存在，即用 isset($A)语句，若变量 A 已经存在，该函数的返回值是 true，否则是 false。

【例 2-10】根据变量是否存在输出不同的结果。

```php
<?php
    $A=1;
    function addition( )
    {
        $B=3;
        echo "函数内的变量 B=".$B."<br>";
    }
    addition( );
    echo "输出变量 A=".$A."<br>";
    if (isset($B)==true)
        echo "输出变量=".$B;
    else
        echo "变量 B 不存在或不在作用域内";
?>
```

例 2-10 程序运行结果如图 2-15 所示。

图 2-15　例 2-10 程序运行结果

 注意：

程序最后的 if...else...部分，判断主程序中 $B 是否存在。因为 $B 是在函数体中定义的局部变量，因此主程序超出其作用域，isset($B) 的结果是 false，故执行的是 echo "变量 B 不存在或不在作用域内" 语句。

2. 变量的释放

要释放一个自定义变量，如 $A，可以使用 unset( ) 函数，语法格式如下：

```
unset($A);
```

需要注意的是，释放变量以后，该变量不再存在，其原本占有的内存空间，也被操作系统收回。

【例 2-11】释放一个变量。

```php
<?php
    $A=12;
    echo "输出变量 A=".$A."<br>";
    unset($A);    //释放变量
    if (isset($A)==true)
        echo "变量 A 存在";
    else
        echo "变量 A 不存在";
?>
```

例 2-11 程序运行结果如图 2-16 所示。

图 2-16　例 2-11 程序运行结果

2.4　常量

常量与变量一样，也是某个内存空间的名称，不同的是，变量的值，随时可以改变。而常量中的值，一旦定义，就不允许再做修改。

常量也分为自定义常量与预定义常量。

1．自定义常量

定义一个常量，使用 define( ) 函数，其语法格式如下：

```
define("常量名","常量值");
```

与变量不同的是，常量的值只能是标量（即直接的数据），不能通过另一个变量或常量来赋值。此外，常量的作用域是全局的，即可以在当前页面文件的任何地方都有效。

例如，设计实现一个计算圆的面积的程序，圆的面积计算公式是 $S=\pi r^2$，其中，圆周率 π 的就是一个常量，因为它的值一旦确定，就不适合再随意改变，以免导致计算结果不一致。而半径 r 即是一个变量，因为不同的圆，可以有不同的半径值。

【例 2-12】根据输入的半径，计算圆的面积。

```
<form id="form1" name="form1" method="post" action="">
  <p>请输入圆的半径：
    <input type="text" name="r" id="r" />
    <input type="submit" name="button"  value="计算" />
  </p>
</form>
<?php
    define("pi",3.142); //定义圆周率常量 pi
    if(isset($_POST['button']))
    {
        $r=$_POST['r'];
        if(is_numeric($r)&&$r>=0)    //半径必须≥0 的数值
        {
            $s=pi*pow($r,2);    //计算圆的面积
            echo "圆的半径是".$r."<br>";
            echo "圆的面积是".$s;
```

```
            }
        }
?>
```

例 2-12 程序运行结果如图 2-17 所示。

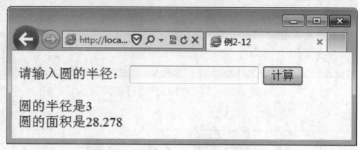

图 2-17　例 2-12 程序运行结果

需要注意的是，常量定义以后，就不能再修改常量的值。以下程序就是错误的：

```
<?php
        define("pi",3.142);      //定义一个常量 pi,值是 3.14
        pi=2.31;
?>
```

本例可以参考慕课《自定义常量》学习。

2．预定义常量

预定义常量是 PHP 已经定义的常量，它们主要保存 PHP 及其所在的计算机环境的一些基本信息，如 PHP 的版本、操作系统、程序的行数等。

所有的预定义常量都使用大写英文字母表示，某些预定义常量使用两个下划线开始，两个下划线结束，如__FILE__常量。

【例 2-13】查看部分预定义常量。

```
<?php
echo '当前 PHP 的版本:'.PHP_VERSION.'<br>';
echo '当前操作系统类型:'.PHP_OS.'<br>';
echo 'Apache 与 PHP 之间的接口:'.PHP_SAPI.'<br>';
echo '本句程序所在行数： '.__LINE__;
?>
```

例 2-13 程序运行结果如图 2-18 所示。

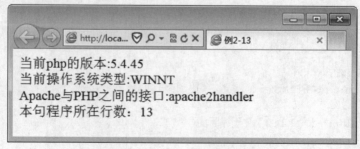

图 2-18　例 2-13 程序运行结果

思考与练习

一、选择题

1. 获取使用 post 方法提交的表单元素值的方法是（　　）。
 A. $_post["名称"]   B. $_POST["名称"]
 C. $post["名称"]   D. $POST["名称"]
2. 要检查一个变量是否定义，可以使用函数（　　）。
 A. defined( )   B. isset( )   C. unset( )   D. 无
3. 下列不正确的变量名是（　　）。
 A. $_test   B. $2abc   C. $Var   D. $printr
4. 计算圆周长公式 C=2πr 中，下列说法正确的是（　　）。
 A. π 与 r 是变量，2 为常量   B. C 与 r 为变量，2 与 π 为常量
 C. r 为变量，2、π、C 为常量   D. C 为变量，2、π、r 为常量
5. 定义静态变量的关键字是（　　）。
 A. static   B. statics   C. STATIC   D. STATICS
6. 声明全局变量的关键字是（　　）。
 A. globals   B. global   C. GLOBAL   D. GLOBALS
7. 以下赋值方式中，$A 与 $B 共同使用一个内存的语句是（　　）。
 A. $A=$B   B. $A=1;$B=1   C. $A=&$B   D. $A=B
8. PHP 语言标记使用（　　）符号（多选题）。
 A. <? ?>   B. <php >   C. 〈?php ?〉   D. 〈% %〉
9. PHP 中，变量名允许出现的符号有（　　）（多选题）。
 A. 大写字母   B. 小写字母   C. 数字   D. 下划线
10. PHP 允许的注释符号有（　　）（多选题）。
 A. //   B. <!-->   C. #   D. /*……*/

二、填空题

1. 以下程序运行结束后，输出的结果是_____，主程序中的变量 $A、$B、$C 的值分别是_____。

```
<?php
    $A=1;
    $B=2;
    $C=$A+$B;
    function my_fun1( )
    {
        global $A;
        $B=3;
        $C=$A+$B;
        echo $C." ";
    }
    function my_fun2( )
    {
```

```
            global $C;
            $A=3;
            $B=$A+$C;
            echo $B." ";
        }
        my_fun2( );
        my_fun1( );
        my_fun2( );
?>
```

2. 以下程序运行后，变量$A、$B、$C 的值分别是_____.

```
<?php
        $A=1;
        $B=2;
        $C=$A+$B;
        function my_fun1( )
        {
            global $A;
            $B=3;
            global $C;
            $C=$A+$B;
        }
        function my_fun2( )
        {
            global $C;
            $A=3;
            $B=$A+$C;
        }
        my_fun2( );
        my_fun1( );
        my_fun2( );
?>
```

3. 以下程序运行后，输出变量$A=_____ $B=_____ $C=_____。

```
<?php
        $A=1;
        $B=2;
        $C=$A+$B;
        function my_fun(&$A,$B)
        { $C=$A+$B;
          $A=5;
          $B=$C*$A;
          echo $B." ";
        }
        my_fun($A,$B);
        echo $A." ".$B." ".$C;
?>
```

4. 有两个变量$A 与$B，请编写程序，调换两个变量的值。

第3章 数据类型与运算符

数据类型既表明数据的性质,也直接影响存储该数据的变量在内存中所占用的空间大小。PHP 的基本数据类型包括数值型(整型、浮点型)、字符串型、布尔型、数组。

运算符是计算机进行各种操作的运算依据。它与变量、常量、函数及各种值共同构成程序的表达式。

PHP 的运算符包括算术运算符、赋值运算符、位运算符、比较运算符、逻辑运算符、字符串运算符、递增递减运算符等。

 ## 3.1 数据类型

布尔型数据的应用

3.1.1 数值型

PHP 的数值型数据有两种:整型与浮点型。

可以理解为:数学中的整数都是整型,小数都是浮点型。

需要注意的是,PHP 中的整型数据,可以是八进制,也可以是十六进制。只要声明时,分别在前面加 0 或 0x 即可。

如果一个变量中存储的数据是整型,那么这个变量就是整型变量。

【例 3-1】计算两数之和。

```
<?php
    $A=12;          //变量 A 是整型
    $B=21.5;        //变量 B 是浮点型
    $C=$A+$B;       //变量 C 的结果是 33.3,浮点型
?>
```

3.1.2 字符串型

1. 字符串类型的定义

将一个数据定义为字符串型的方法有两种,一是用单引号将数据括起来,二是用双引号将数据括起来。

【例 3-2】使用不同的字符串形式给变量赋值。

```php
<?php
    $A='123';
    $B="123";
    $C="PHP 程序设计";
?>
```

例 3-2 中，三个变量$A、$B、$C 都是字符串型变量。

单引号与双引号虽然都能定义一个字符串数据，但两者之间是有区别的。

（1）单引号中的字符串数据不识别变量符号$，双引号中的字符串数据能识别变量符号$，见例 3-3。

【例 3-3】输出单引号与双引号内的变量字义符$。

```php
<?php
    $A=50;
    echo '123$A'."<br>";
    echo "PHP 程序设计$A";
?>
```

例 3-3 程序运行结果如图 3-1 所示。

图 3-1　例 3-3 程序运行结果

 注意：

PHP 只是将双引号中的$视为正常变量符，但它无法识别$后面的字符串内容中哪部分属于变量名。因此，它简单地将$后面的全部字符串都视为变量名。

【例 3-4】变量字义符$在字符串中间输出。

```php
<?php
    $A=50;
    echo "输出变量 A 的值是$A<br>";        //此句$A 的值正常输出
    echo "PHP 程序设计$APHP 字符串";       //此句将出错
?>
```

以上程序，PHP 会将第二条输出语句的双引号中$后面全部的内容"APHP 字符串"都视为变量名，从而程序出错。程序错误的显示界面如图 3-2 所示。

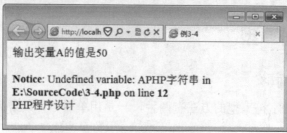

图 3-2　程序错误的显示界面

（2）如果用单引号定义字符串数据，那么需要在数据中输出单引号时，就需要使用转义符\。如果使用双引号定义字符串数据，需要在数据中输出一些特殊字符时（包括双引号），就需要使用转义符。

例如，要输出以下内容：php 中可以用单引号'定义字符串'。下面的程序就会报错：

```
<?php
    echo 'php 中可以用单引号'定义字符串';
    echo "php 中也可以用双号号"定义字符串";
?>
```

因为 PHP 会认为输出的内容是"php 中可以用单引号"，而后面的"定义字符串"就成为非法语句。第二行程序的错误原因也一样。

【例 3-5】使用转义符分别输出单引号与双引号。

```
<?php
    echo 'php 中可以用单引号\'定义字符串';
    echo "<br>";
    echo "php 中也可以用双号号\"定义字符串";
?>
```

正确的输出结果界面如图 3-3 所示。

图 3-3　正确的输出结果界面

此外，还有其他一些特殊字符，如果要在双引号定义的字符串中输出，也需要使用转义符\，特殊字符及含义见表 3-1。

表 3-1　特殊字符及含义

特殊字符	含义
\n	换行（非网页中的 含义）
\r	回车
\t	水平制表符
\\	反斜杠
\$	美元符（变量符）
\"	双引号

2. 字符串数据的处理

（1）字符串的连接。两个字符串可以使用 . 连接成一个字符串。

【例 3-6】字符串连接符的应用

```
<?Php
    $A="我是中国人，";
```

```
        $B="我爱中国！";
        $C=$A.$B;
        echo $C;
?>
```

例 3-6 运行以后，$C 中的值是$A 与$B 中的字符串连接在一起的，例 3-6 程序运行结果如图 3-4 所示。

图 3-4　例 3-6 程序运行结果

（2）字符串界定符。如果需要用 echo 语句输出较多的字符串，且字符串中含有大量的单引号与双引号，如输出 html 代码。此时，无论使用单引号还是双引号来定义这些字符串，都相当不便，需要进行大量的转义处理。此时可以使用 PHP 的字符串界定符<<<来解决以上不便。

字符串界定符的语法格式如下：

```
echo <<<界定符名
    字符串内容
界定符名;
```

界定符名可以自定义，遵守 PHP 的变量命名规则，只是不需要使用$符号。并且，界定符名所在的行，必须顶格写，不能包括其他任何字符（包括空格）。

在界定符名范围内的所有内容，都依照其原本的含义与格式输出，不再需要单引号与双引号。

【例 3-7】使用字符串界定符输出 html 内容。

```
<?Php
    $name="张小华";
    $age=18;
    $sex="男";
echo<<<AA
    学生信息表<br/>
    <table width="200" border="1" cellspacing="0" cellpadding="0">
    <tr>
        <td>姓名</td>
        <td>年龄</td>
        <td>性别</td>
    </tr>
    <tr>
        <td>$name</td>
        <td>$age</td>
        <td>$sex</td>
    </tr>
    </table>
AA;
?>
```

例 3-7 程序运行的结果如图 3-5 所示。

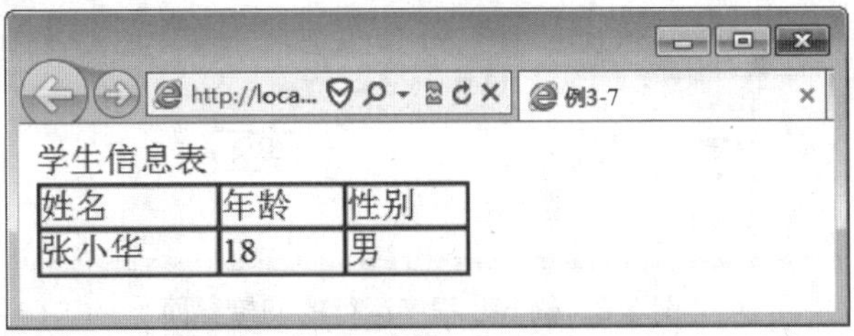

图 3-5　例 3-7 程序运行的结果

3.1.3　布尔型

布尔型（boolean）也称逻辑型，是所有数据类型中最简单的一种。它只有两种值：true（真）与 false（假），并且 PHP 对这两个值，不区分大小写。布尔型数据虽然只有两个值，但在程序设计中，应用相当广泛，一切可以用"肯定"与"否定"表达的问题，都可以用这两个值表示。因此在流程控制中，布尔型变量使用非常广泛，尤其是条件选择型流程。

【例 3-8】根据输入的分数判定考试是否通过。

```php
<form action="" method="post">请输入成绩
    <input type="text" name="score" />
    <input type="submit" name="button" value="提交" />
</form>
<?php
    if(isset($_POST['button']))
    {
        if (($_POST['score']!="")
        {
            $A=(float)$_POST['score'];    //将成绩转换为浮点型
            if($A>=60)
                echo "恭喜你，考试通过了！";
            else
                echo "很遗憾，考试没通过！";
        }
    }
?>
```

例 3-8 程序分析如下：

第 1 个 if 条件语句中，利用 isset($_POST['button'])判断$_POST 变量中的 button 值是否存在（则提交按钮是否被单击），如果存在，函数 isset( )的返回值是 true，否则为 false。if 语句只有其括号中的最后值为 true 时，才会执行其后面{　}内的程序。

第 2 个 if 条件语句中，判断文本框中的成绩值是否为空字符串，如果不是，则括号中的表达式$_POST['score']!=""成立，表达式的结果是 true，执行第二层{　}中的程序。

第 3 个 if 条件语句中，利用表达式$A>=60 判断分数是否合格，如果表达式成立，则结果为 true，执行第一个 echo 语句。否则，执行 else 下面的 echo 语句。

例 3-8 程序运行的初始界面如图 3-6 所示。

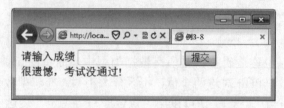

图 3-6　例 3-8 程序运行的初始界面

在文本框中输入 50 与 70 以后提交的结果分别如图 3-7、图 3-8 所示。

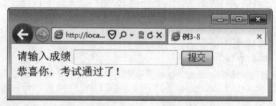

图 3-7　输入 50 以后提交的结果

图 3-8　输入 70 以后提交的结果

本例可以参考慕课《布尔型数据的应用》学习。

3.1.4　数据类型的转换

有时程序需要把不同类型的数据转化成同一类型的数据，以便于运算处理。这就涉及数据类型的转换。例如，"123"是一个字符串，用来进行数学运算是不行的，必须先将其转换成数值 123 才能正确运算。

PHP 的数据类型转换有两种形式：隐式转换与显示转换。

1. 隐式转换

隐式转换即不需要特别说明，由 PHP 根据实际运算，按其默认的转换规则对参与运算的数据进行类型转换，也称为自动转换。具体的转换规则，既与数据值有关，也与所进行的运算有关。

【例 3-9】使用纯数字字符串的内容进行数学运算。

```
<?php
    $s1="12";        //字符串型
    $s2=23;          //整型
    $he=$s1+$s2;
    echo $he;
?>
```

例 3-9 程序，最后运行输出$he 的值是 35。虽然变量$s1 的类型是字符串，值为"12"，但因为进行数学加法运算，PHP 自动将$s1 转换成 12。

【例 3-10】使用首位为非数字的字符串进行数学运算。

```php
<?php
    $s1="a12";      //字符串型
    $s2=23;         //整型
    $he=$s1+$s2;
    echo $he;
?>
```

例 3-10 程序运行输出$he 的值是 23，因为变量$s1 的值，第 1 个字符不是数字，PHP 默认将其转换成数值 0。

【例 3-11】使用首位为数字的非纯数字字符串进行数学运算。

```php
<?php
    $s1="1a2";   //字符串型
    $s2=23;  //整型
    $he=$s1+$s2;
    echo $he;
?>
```

例 3-11 程序运行输出的$he 值是 24，因为变量$s1 的值虽然是字符串，但第 1 个字符是 1，变量值转成数值 1。

如果程序进行的是字符串运算，则 PHP 默认将参与运算的数值型转换成字符串型。

【例 3-12】将数值内容作为字符串运算。

```php
<?php
    $A=12;
    $B="23";
    $C=$B.$A;
    echo $C;
?>
```

例 3-12 程序运行输出变量$C 的值是 2312。因为.是字符串运算符，PHP 的隐式转换将$A 的值从数值型 12 转换为字符串型数据 12。

我们把符合运算操作需要的数据类型称为运算类型，不符合运算操作的数据类型称为非运算类型。例如，进行数学运算时，数值型就是"运算类型"，非数值型就是"非运算类型"。PHP 的隐式转换规则是把运算中的"非运算类型"数据转换为"运算类型"数据，使运算得以正常进行。各类型数据之间自动转换的规则见表 3-2、3-3、3-4。

表 3-2　非数值型转为数值型

原数据类型	原值	转换值	说明
布尔型	true	1	
	false	0	
	null	0	
字符串型	首字符非数字	0	"A12" =>0
	以数字开始，非数字结尾	截至第一个非数字	"12AB" =>12 "−12a" =>−12 "12.4bc" =>12.4
数组	数组名	不支持	不支持转换
	数组元素		参照布尔型与字符串型

表 3-3　非字符串型转为字符串型

原数据类型	原值	转换值	说明
布尔型	true	"1"	
	false	"0"	
	null	" "	空字符串
数值	任意数值	数字字符串	12=>"12" 12.5=>"12.5"
数组	数组名	Array	不提倡转换
	数组元素		参照布尔型与数组型

表 3-4　非布尔型转为布尔型

原数据类型	原值	转换值	说明
数值型	0 或 0.0	false	
	非零数值	true	−1=>true 12.3=>true
字符串型	""(空字符串)	false	
	"0" 或 '0'	false	
	null	false	
数组	空数组名	false	$a=array( ); $a=>false
	非空数组名	true	$a=array(0,1); $a=>true
	数组元素		参照数值型与字符串型

2. 显式转换

显示转换也称为强制转换，即在程序中明确声明将某个数据类型的值转换成另一个数据类型。实现显示转换有两种方法：使用类型转换关键字与类型转换函数。

（1）类型转换关键字。使用类型转换关键字的语法格式如下：

```
（关键字）值 |（关键字）变量名
```

【例 3-13】使用类型转换关键字进行数据类型转换。

```php
<?php
    $A="12.13";              //字符串型数值
    $B=(float)$A;            //将$A强制转换为浮点型，然后赋值给$B
    $C=(integer)25.5;        //将25.5强制转换为整型，然后赋值给$C
    echo $B."<br>";
    echo $C;
?>
```

例 3-13 程序运行结果如图 3-9 所示。

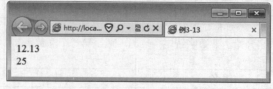

图 3-9　例 3-13 程序运行结果

⚠ 注意：

不同类型、数组的强制转换规则，与隐式转换规则一样。

PHP 类型转换的其他关键字如下：
- （int），（integer）——转换为整型 integer
- （bool），（boolean）——转换为布尔类型 boolean
- （float），（double），（real）——转换为浮点型 float
- （string）——转换为字符串 string
- （array）——转换为数组 array
- （object）——转换为对象 object
- （unset）——转换为 NULL（PHP 5）

（2）类型转换函数。使用类型转换函数进行强制转换的语法格式如下：

类型函数名（变量名）｜类型函数名（值）

【例 3-14】使用类型转换函数进行数据类型转换。

```
<?php
    $s1="12.13";
    $s2=intval($s1);//$s1 转换为整型
    $s3=strval(true);   //将布尔型转为字符串型
    echo $s2;
    echo "<br>";
    echo $s3;
?>
```

例 3-14 程序运行后，$s2 的值是 12，$s3 的值是 1。例 3-14 程序运行结果如图 3-10 所示。

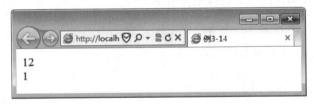

图 3-10　例 3-14 程序运行结果

PHP 所提供的类型转换函数及含义如下：
- intval($var)|intval(value)：将变量$var 或数值 value 转为整型。
- floatval($var)|floatval(value)：将变量$var 或数值 value 转为浮点型。
- strval($var)|strval(value)：将变量$var 或数值 value 转为字符串型。

需要注意的是，无论使用类型转换关键字还是使用类型转换函数，参与转换操作的变量本身的类型并没有改变，改变的仅是这些变量如何被求值及表达式本身的类型。

【例 3-15】类型转换操作中被操作变量的变化对比。

```
<?php
    $A="12.3";
    $B="24.5ab";
    $C=(integer)$A;
    $D=(float)$B;
```

```
        echo "A=$A"."<br>";
        echo "B=$B"."<br>";
        echo "C=$C"."<br>";
        echo "D=$D";
    ?>
```

例 3-15 程序，将$A 的值转换为整型，并赋予$C，将$B 的值转换为浮点型，并赋予$D。此时$C 的数据类型是整型，$D 是浮点型，但$A 与$B 的类型依然不变，都是字符串型。例 3-15 程序运行结果如图 3-11 所示。

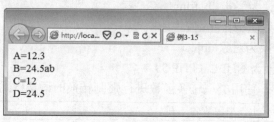

图 3-11　例 3-15 程序运行结果

（3）settype( )函数。settype( )函数是 PHP 提供的另一个显式数据类型转换函数，与前面两种方法不同，settype( )函数会直接将变量本身的数据类型改变。其语法格式如下：

```
settype($var,stype)
```

其中，$var 表示需要转换类型的变量名，此处不能用标量；
stype 表示目标数据类型。

需要注意的是，此函数能够将$var 的类型转换成 stype 指定的类型，但函数的返回值并非变量的转换结果值，而是 true 或 false，如果是 true，用 1 表示，如果是 false，用 0 表示。

【例 3-16】使用 settype( )函数进行数据类型转换。

```
<?php
    $A="12.3";
    echo settype($A,"int");//转换$A 的类型，并输出转换结果
    echo "<br>";
    echo $A;          //输出$A
?>
```

例 3-16 程序运行以后，第 1 个 echo 语句输出的结果是 1，表示转换成功。第 3 个 echo 语句输出的是转换以后的$A，从运行结果可看到$A 已由原来的字符串型转为整型。例 3-16 程序运行结果如图 3-12 所示。

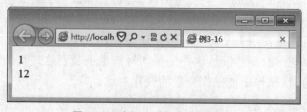

图 3-12　例 3-16 程序运行结果

3.2 运算符

数据类型的转换

3.2.1 算术运算符

PHP 的算术运算符一共有六种，分别是加（+）、减（-）、乘（*）、除（/）、负（-）及取模（%），取模相当于数学运算中的"整除求余数"，因此也称为"求余"。参与算术运算的操作数，必须是数值型，如果不是，PHP 将自动转换为数值型。

取模运算得到的余数的正负，与被除数相同。

【例 3-17】不同情况下取模运算结果的正负情况。

```php
<?php
    $A=5;
    $B=-5;
    echo ($A%3)."<br>";
    echo ($A%-3)."<br>";
    echo ($B%3)."<br>";
    echo ($B%-3);
?>
```

例 3-17 程序运行结果如图 3-13 所示。

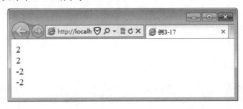

图 3-13 例 3-17 程序运行结果

 注意：

echo 语句不支持表达式，如果要利用 echo 语句直接输出表达式的结果，应使用( )将表达式括起来。

运算的优先级，从左到右，先是乘、除、取模，后是负、加、减。

【例 3-18】算术运算符的优先级。

```php
<?php
    $A=-8/4+3*3%4-5;
    echo $A;
?>
```

例 3-18 程序计算$A 的表达式，运算顺序如图 3-14 所示。

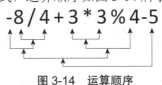

图 3-14 运算顺序

从图 3-14 可推算出$A 最后的值为–6。例 3-18 程序运行结果如图 3-15 所示。

图 3-15　例 3-18 程序运行结果

3.2.2　赋值运算符

赋值运算符是=，作用是将=右边的值存到左边的变量中。另外，为简化程序的写法，还有+=、–=、*=、/=，以及.=等运算符。其含义都表示运算符左边的变量在原值的基础上进行相应运算以后，再将运算的结果重新赋予原变量。

如$A+=3 相当于$A=$A+3，$A*=3 相当于$A=$A*3。

【例 3-19】赋值运算符的应用。

```
<?php
    $A=12;
    $A+=3;
    $B="我是";
    $B.="中国人";
    echo $A."<br>";
    echo $B;
?>
```

例 3-19 程序运行的结果如图 3-16 所示。

图 3-16　例 3-19 程序运行的结果

3.2.3　位运算符

位运算符可以操作的数据类型只能是字符串型或整型。如果操作数据类型都是字符串型，即先将操作数据转换成对应的 ASCII 码，然后将 ASCII 码转换为二进制值，最后按照其二进制位进行运算。运算完，将运算结果转换成 ASCII 码，再通过该 ASCII 码转换成对应的字符串。字符串型数据运算过程如图 3-17 所示。

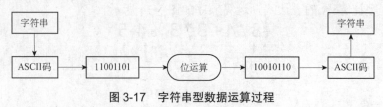

图 3-17　字符串型数据运算过程

如果操作数都是整数，即直接将整数值转换成二进制，进行位运算，然后将运算结果转换回相应的整数值。整数运算过程如图 3-18 所示。

图 3-18　整数运算过程

位运算符及含义见表 3-5。

表 3-5　位运算符及含义

运算符	含义	举例
&	位与	1&1=1，1&0=0，0&1=0，0&0=0
|	位或	1|1=1，1|0=1，0|1=1，0|0=0
^	位异或	1^1=0，1^0=1，0^1=1，0^0=0
~	位非	~1=0，~0=1
<<	左移	1<<1=10，0<<1=00，1<<2=100
>>	右移	1>>1=0,10>>1=1

位运算符的运算规则如下。

（1）与：操作数都为 1，结果为 1。
（2）或：操作数都为 0，结果为 0。
（3）异或：操作数相同，结果为 0，操作数不同，结果为 1。
（4）非：结果永远与操作数相异。

【例 3-20】数字字符串的位与运算。

```
<?php
    $A="12";
    $B="23";
    $C=$A&$B;
    echo '$C='.$C;
?>
```

例 3-20 程序中，变量$A 的值是字符串 12，1 的 ASCII 值是 49，2 的 ASCII 值是 50，$A 转为二进制是 0011000100110010，同理，字符串 23 转为二进制是 0011001000110011，两个二进制数进行位与运算的过程如图 3-19 所示。

图 3-19　两个二进制数进行位与运算的过程

例 3-20 程序运行结果为 110000110010，按每 8 位二进制转换成一个 ASCII 码值，转换后的 ASCII 码分别为 48 与 50，对应的 ASCII 字符分别是 0 与 2，因此变量$C 的值是 02。例 3-20 程序运行结果如图 3-20 所示。

图 3-20 例 3-20 程序运行结果

【例 3-21】数值的位移运算。

```
<?php
    $A=12;
    $B=2;
    $C=$A>>$B;
    echo $C;
?>
```

例 3-21 程序运行以后,输出变量$C 的值是 3。因为 12 是整数,转换为二进制以后是 1100,每位都向右移 2 位,得到的结果是 0011,转换为整数值是 3。

在位运算中,如果一个操作数是整型,另一个操作数是字符串型,则先将字符串型转为整型,再按两个整数的位运算进行运算。

在位移运算中,任何被移出的位,都直接丢弃。左移时右侧以零填充,符号位被移走意味正负号不被保留。右移时左侧以符号位填充,意味正负号被保留。PHP 不支持字符串的位移操作。

【例 3-22】带符号数值的位移运算。

```
<?php
    $A=12;
    $B=-15;
    $C=$A>>2;
    $D=$B<<4;
    echo "C=".$C."<br>";
    echo "D=".$D;
?>
```

例 3-22 程序中,$A 的值是 12(D),转换为二进制值是 00000000 00001100(B),向右移 2 位,是 00000000 00000011(B),相当于十进制的 3(D),因此,最后输出$C 的值是 3。

$B 的值是–15(D),转换为二进制是 11111111 11110001(B),向左移 4 位后,值为 11111111 00010000(B),相当于十进制的–240。因此$D 的值是–240。例 3-22 程序运行结果如图 3-21 所示。

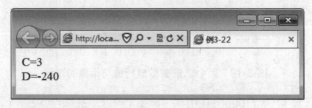

图 3-21 例 3-22 程序运行结果

位运算符在加密算法中应用比较广泛。例如,加密算法是原始密码的每个字符的 ASCII 码异或 3,运算得到的值转换回相应的 ASCII 码字符(假定原始密码是"admin888")。

【例 3-23】利用位移运算符进行字符串加密。

```php
<?php
    $A="admin888";
    $B=strlen($A);
    for($i=0;$i<$B;$i++)
    {   $C=ord($A[$i])^3;
        $A[$i]=chr($C);
    }
    echo "加密后的密码是'".$A."'";
?>
```

例 3-23 程序运行结果如图 3-22 所示。

图 3-22　例 3-23 程序运行结果

 注意：

strlen( )函数用于返回字符串的长度，ord( )函数将一个字符转换为 ASCII 码，chr( )函数将一个 ASCII 码转换为相应的字符。

3.2.4　逻辑运算符

逻辑运算有与、或、非、异或四种，其运算规则与位运算中的与、或、非、异或一样，只是操作数都是布尔型，逻辑运算符与说明见表 3-6。

表 3-6　逻辑运算符与说明

逻辑运算符	操作	说明
&& 或 and	与	t&&t=t，t&&f=f,f&&f=f
|| 或 or	或	t||t=t,t||f=t,f||f=f
!	非	!t=f,!f=t
xor	异或	txort=f,txorf=t,fxorf=f
说明：t 表示 true，f 表示 false。		

【例 3-24】逻辑与运算的应用。

```php
<?php
    $A=3;
    $B=4;
    if($A<8&&$B>0)
        {echo "两数都符合要求";}
?>
```

例 3-24 程序中表达式$A<8 成立，结果是 true，$B>0 也成立，结果为 true，都是布尔型，t&&t=t，因此 if 条件语句中的条件成立，输出"两数都符合要求"，例 3-24 程序运行结果如图 3-23 所示。

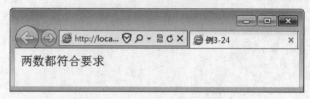

图 3-23　例 3-24 程序运行结果

3.2.5　关系运算符

关系运算符也称为比较运算符，主要用来比较运算符两边操作数的大小关系。关系运算符及说明见表 3-7。

表 3-7　关系运算符及说明

关系运算符	名称	说明
==	等于	如果类型转换后 $a 等于 $b，结果为 true
===	全等	如果 $a 等于 $b，并且它们的类型也相同，结果为 true
!=	不等	如果类型转换后 $a 不等于 $b，结果为 true
<>	不等	如果类型转换后 $a 不等于 $b，结果为 true
!==	不全等	如果 $a 不等于 $b，或者它们的类型不同，结果为 true
<	小于	如果 $a 严格小于 $b，结果为 true
>	大于	如果 $a 严格大于 $b，结果为 true
<=	小于等于	如果 $a 小于或者等于 $b，结果为 true
>=	大于等于	如果 $a 大于或者等于 $b，结果为 true

以上运算符中，除了全等与不全等外，其他运算符的操作数如果类型不同，PHP 会按自动转换规则进行数据转换以后再进行比较运算。例如，12＞"a"=true；因为"a"转为数值型是 0。

如果是两个字符串进行关系运算，按字符的顺序，取其 ASCII 码大小进行比较。例如"abc"＜"ABC"=false，因为 a 的 ASCII 码大于 A 的 ASCII 码，而"abc"＞"aBc"=true。如果是两个中文字符串进行关系运算，则按字符的顺序，取其拼音进行比较。例如，"我们"＞"你们"=true，因为"wo"＞"ni"=true。

3.2.6　递增、递减运算符

递增、递减运算符的运算原理：在操作数变量原值的基础上，加 1 或减 1 以后，再重新赋回操作数变量。

递增、递减有两种形式，一种是++$，一种是$++。这两者的主要区别在于运算过程，前者是先把变量的值加 1，再将新值赋给变量，后者是先返回变量的值，再将变量中的值加 1。

例 3-25 程序运行结果，可以看出两者的区别。

【例3-25】两种递增运算符计算结果的区别。

```php
<?php
    $A=2;
    $B=3;
    echo $A++;      //输出 2
    echo $A;        //输出 3
    echo ++$B;      //输出 4
    echo $B;        //输出 4
?>
```

例3-25程序运行结果如图3-24所示。

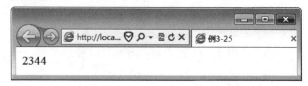

图 3-24　例 3-25 程序运行结果

递增运算符还支持英文字符运算，但只支持递增运算，不支持递减运算。此外，如果是数字字符，PHP在进行运算前，会先将其转化为数值。

【例3-26】使用递增运算符进行字符运算。

```php
<?php
    $A="我";
    echo ++$A;      //输出"我"
    $A="A";
    echo ++$A;      //输出"B"
    $A="23";
    echo ++$A;      //输出"24"
    $A="B";
    echo --$A;      //输出"B"
?>
```

例3-26程序运行效果如图3-25所示。

图 3-25　例 3-26 程序运行结果

3.2.7　三目运算符

三目运算符也叫三元运算符，即？:。其语法格式如下：

条件?值1：值2

三目运算符的运算原理是先判断条件是否成立，如果成立，运算的结果为"值1"，如果条件不成立，运算的结果是"值2"。

【例 3-27】设计一个消费满 100 减 10 的优惠程序。

```
<?php
    $sj_cost=102;    //$sj_cost 为实际消费额
    $zh_cost=$sj_cost>100?$sj_cost-10:$sj_cost; //$zh_cost 为折后金额
    echo "实际消费".$sj_cost."元，请缴费".$zh_cost."元";
?>
```

例 3-27 程序运行结果如图 3-26 所示。

图 3-26 例 3-27 程序运行结果

 3.3 运算符的优先级

位运算符

与数学运算一样，PHP 中的各类运算符也存在优先级的高低之分，优先级高的先运算。运算符的优先级直接影响表达式的运算结果，因此，必须严格识别不同运算符的优先级。

PHP 常用运算符的优先级见表 3-8。

表 3-8 PHP 常用运算符的优先级

序号	运算符	说明
1	!	逻辑运算（非）
2	*	算术运算（乘）
3	/	算术运算（除）
4	%	算术运算（取模）
5	+	算术运算（加）
6	-	算术运算（减）
7	.	字符串运算（连接）
8	<< >>	位运算符（左移，右移）
9	< <= > >=	比较运算符
10	== != === !== <>	比较运算符
11	&	位运算（与）
12	^	位运算（异或）
13	|	位运算（或）
14	&& and	逻辑运算（与）
15	|| or	逻辑运算（或）
16	?:	三目运算
17	= += -= *= /= .= %= &= |= ^= <<= >>=	赋值运算
18	xor	逻辑运算（异或）

需要说明的是，PHP 也支持( )运算符，并且优先级最高。书写一个比较复杂的运算表达式时，应该适当利用括号强调其运算顺序，这样既可以提高代码的可读性，也可以提高代码的可维护性，是一种良好的编程习惯。

另外，像 1＜2＜3 或者 1＜2＜=3 这样的表达式，虽然在数学上是成立的，但在 PHP 中是非法的，因为两个运算符都是＜，＜不能与自身结合。

如果表达式换成 1＜2==3，在数学上是不成立的，但在 PHP 中是合法的，因为＜的优先级比==高，两者不同级。

 3.4 表达式

位运算的应用范例

表达式

由操作数、运算符共同组成、用于完成某些计算的语句，称为表达式。表达式是 PHP 程序重要的基础，能够正确书写符合运算需求的表达式，也是每个程序设计学习者应该掌握的基础知识。

由于键盘符号、PHP 运算符优先级的高低，以及运算符结合规则的限制，现实问题的实际数学表达式，使用程序表达时，往往需要做一定的转化，才能成为正确的 PHP 表达式。

例如，在数学中圆的面积 $S=\pi r^2$ 是一个正确的表达式。但在 PHP 中，圆的面积无法直接表达，首先 π 的值，在 PHP 中不存在，另外，平方形式的表达式，PHP 也无法直接实现。必须根据 PHP 中已有的运算符及其语法，进行转换如下：

```
<?php
    $pi=3.1415;
    $S=$pi*$r*$r;
?>
```

有些表达式，在现实数学中，是不成立的或不会出现的，但在 PHP 中，由于运算符的优先级与结合规则，却是允许的。例如，表达式 1＜2==3，在数学上是不成立的，但是在 PHP 中正确且合法，因为运算符＜的优先级比==高，两者不同级，表达的实际运算是先比较 1 是否比 2 小，结果再与 3 比较是否相等。因为关系运算 1＜2 的结果是 true，再与 3 进行关系比较时，PHP 会把非零的数值转换为逻辑值 true，true==true 是成立的，因此表达式的结果是 true。

思考与练习

一、单项选择题

1. 要查看一个变量的数据类型，可使用函数（   ）。
   A. type( )　　　　　B. gettype( )　　　　C. GetType( )　　　　D. Type( )
2. PHP 运算符中，优先级从高到低分别是（   ）。
   A. 关系运算符，逻辑运算符，算术运算符
   B. 算术运算符，关系运算符，逻辑运算符
   C. 逻辑运算符，算术运算符，关系运算符
   D. 关系运算符，算术运算符，逻辑运算符

3. 英文与数字的比较，是按（　　）进行比较。
   A. 拼音顺序　　　　B. ASCII 码值　　　C. 随机　　　　　　D. 先后顺序
4. 将一个值或变量转换为字符类型的函数是（　　）。
   A. intval( )　　　　B. strval( )　　　　C. str( )　　　　　D. valint( )
5. 运算符^的作用是（　　）。
   A. 无效　　　　　　B. 乘方　　　　　　C. 位非　　　　　　D. 位异或
6. 运算符%的作用是（　　）。
   A. 无效　　　　　　B. 取整　　　　　　C. 取余　　　　　　D. 除
7. 执行下列代码的结果是（　　）。$x=15; echo $x++; $y=20; echo ++$y;
   A. 15,20　　　　　　B. 15,21　　　　　　C. 16,20　　　　　　D. 16,21
8. 下列（　　）表达式的值是 true。
   A. 'a1'==1　　　　　B. '1top'==1　　　　C.123==='123'　　　D. 1<2===3
9. $A=2;$B=1;$C=++$A ||--$B, $C 的值是（　　）。
   A. 3　　　　　　　　B. 0　　　　　　　　C. 2　　　　　　　　D. 1
10. $a=10，$b=5，$c=8，$a>$b ? $x=($a<$c ? $c-$a : $a-$c) : $x=($b<$c ? $c-$b : $b-$c); 最后$x 的值是（　　）。
    A. −2　　　　　　　B. 2　　　　　　　　C. 3　　　　　　　　D. −3

二、判断题

1. 运算符--可以对常量和变量进行自身减 1。（　　）
2. 在 PHP 中，==与===是同一个运算符。（　　）
3. 一个数组中的各个元素可以是不同的数据类型。（　　）
4. PHP 不允许任何不同类型类据的操作数一起进行运算。（　　）
5. 使用 intval($A)语句以后，$A 的类型转为整型。（　　）

三、应用练习

1. 如果$B 模 3 的余数小于或等于$C 的话，$A 的值为 1，否则，$A 的值为 0，请写出相应的表达式。
2. 请说出前置$A++和后置++$A 的区别？
3. $A="123ab"，把$A 的值转换成整型的方法有哪些？
4. 请写出以下 PHP 表达式（直接用变量描述）。

   （1）$\dfrac{n(n+1)(n+2)}{xy}$　　　　（2）$A+\dfrac{1}{xy^2}$

第 4 章 程序控制结构

程序流程控制中，有三大结构：顺序结构、条件分支结构与循环结构。顺序结构按顺序逐句运行，是最常见的，也是其他两种结构的基础。本章介绍条件分支结构与循环结构。

 ## 4.1 条件分支结构

多分支结构　　switch 结构

顾名思义，条件分支结构就是根据条件的成立与否，决定程序的分支走向。一共有三种分支结构：单分支、双分支与多分支。其中，多分支结构是在前面两种分支结构的基础上，衍变出来的一种结构。

4.1.1 单分支条件结构

单分支条件结构，即只有一个分支的 if 结构，因为只有一个分支，因此它根据条件是否成立，决定分支中的程序是否执行。if 语句的语法格式如下：

```
if(条件表达式)
    {语句块}
```

它根据条件表达式的运算结果，如果条件成立（表达式结果为 true），即执行，否则（表达式结果为 false），跳过语句块，直接执行后面的程序。单分支 if 结构流程图如图 4-1 所示。

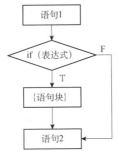

图 4-1　单分支 if 结构流程图

【例 4-1】利用单分支条件结构判断两个数的整除关系。

```
<?php
    $A=12; $B=5; $C=3;
    if($A%$B==0)
```

```
            {
                    $D=$A/$B;
                    echo "变量 A 是变量 B 的".$D."倍<br>";
            }
            if($A%$C==0)
            {
                    $D=$A/$C;
                    echo "变量 A 是变量 C 的".$D."倍<br>";
            }
            echo '运算完毕';
?>
```

第一个 if 结构中,因为条件表达式$A%$B==0 结果为 false,因此没有执行{ }中的语句。第二个 if 结构的条件表达式$A%$C==0 成立,因此执行{ }中的语句。例 4-1 程序运行结果如图 4-2 所示。

图 4-2　例 4-1 程序运行结果

⚠ **注意:**

如果 if 分支中,只有一句程序,{ }可以省略。

4.1.2　双分支条件结构

如果需要根据条件表达式结果的成立与不成立分别做不同的处理,可以使用带有 else 语句的双分支条件结构。其语法格式如下:

```
if(条件表达式)
    {语句块 1}
else
    {语句块 2}
```

当条件表达式成立时,执行语句块 1 而忽略语句块 2;当条件不成立时,执行语句块 2 而忽略语句块 1。

双分支 if 结构流程图如图 4-3 所示。

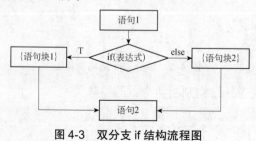

图 4-3　双分支 if 结构流程图

【例 4-2】根据用户输入的成绩，判断是否合格。

```php
<?php
    $score=50;
    if($score>=60)
        {
            echo '分数：'.$score.'分<br>';
            echo "恭喜您，考试通过了！<br>";
        }
    else
        {
            echo '分数：'.$score.'分<br>';
            echo "很抱歉，考试不通过！<br>";
        }
    echo "成绩鉴定结束";
?>
```

例 4-2 中程序 if 结构的条件不成立，直接跳到 else 下面的语句块中执行，例 4-2 程序运行结果如图 4-4 所示。

图 4-4　例 4-2 程序运行结果

 注意：

无论是 if 还是 else 后面的语句块中，如果只有一句程序，{ }都可以省略。

4.1.3　多分支条件结构

若条件表达式存在多于两种判断结果且都需要做不同处理时，需要使用 elseif 语句，编写多分支条件结构程序。其语法格式如下：

```
if(条件表达式 1)
    {语句块 1}
elseif(条件表达式 2)
    {语句块 2}
elseif(条件表达式 3)
    {语句块 3}
[else
    {语句块 4}]
```

以上格式中最后的［else…］部分可选择，如果没有需要，可以省略。该结构的程序运行时，会逐个判断条件表达式，遇到成立的第一个条件表达式，即执行相应的语句块，然后，忽略其他所有的分支。多分支 if 结构流程图如图 4-5 所示。

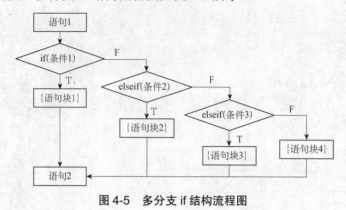

图 4-5　多分支 if 结构流程图

【例 4-3】输入一个成绩，按以下标准，判断该成绩的等级。

0～59 分：不合格

60～69 分：合格

70～79 分：中等

80～89 分：良好

90～100 分：优秀

```
<form id="form1" name="form1" method="post" action="">
    请输入你的成绩：
    <input name="score" type="text" id="score" size="8" />
    <input type="submit" name="button" id="button" value="提交" />
</form>
<?php
    if(isset($_POST['button']))
    {
        echo "你所得成绩是".$_POST['score']."分<br>";
        if($_POST['score']>=60&&$_POST['score']<=69)
            echo '成绩合格';
        elseif($_POST['score']>=70&&$_POST['score']<=79)
            echo '成绩中等';
        elseif($_POST['score']>=80&&$_POST['score']<=89)
            echo '成绩良好';
        elseif($_POST['score']>=90&&$_POST['score']<=100)
            echo '成绩优秀';
        else
            echo'成绩不合格';
    }
?>
```

使用 elseif 结构时，必须充分考虑各个条件表达式的逻辑关系，才能保证程序运行结果的正确。例 4-3 中，若输入的分数是大于 100 分的，输出的结果依然是"成绩不合格"，因为程序中的所有分支条件中，都没有符合大于 100 分的情况，因此，归入 else 部分。运行程序，分别输入 30、75、80，程序运行结果分别如图 4-6、图 4-7、图 4-8 所示。

图 4-6　程序运行结果 1

图 4-7　程序运行结果 2

图 4-8　程序运行结果 3

 注意：

程序中的 if(isset($_POST['button']))用于判断 button 按钮值是否存在，则用户是否单击"提交"按钮。

关于多分支条件结构，可以参考慕课《多分支条件结构》进行学习。

4.1.4　switch 结构

elseif 语句结构解决多条件多分支的问题很适用，但程序代码在表达"不同条件不同分支"问题时，显得不够清晰。使用 switch 结构，可以很好地解决这个问题。

switch 结构的语法格式如下：

```
switch(表达式)
{       case 值 1
            语句块 1
            break;
        case 值 2
            语句块 2
            break;
        …
```

```
        default:
            语句块 N
}
```

在 switch 结构中，只有一个表达式，程序根据表达式的值，决定执行哪一个 case 模块中的程序。当所有 case 值都不符合时，执行 default 下面的语句块 N。

【例 4-4】判断一个月份的大小平性质。

```
<?php
    $days=29;
    switch($days)
    {   case 28:
            echo "平年，二月平";
            break;
        case 29:
            echo "闰年，二月平";
            break;
        case 30:
            echo "小月";
            break;
        case 31:
            echo "大月";
            break;
        default:
            echo "非法天数";
    }
?>
```

例 4-4 程序运行结果是输出"闰年，二月平"。例 4-4 程序运行结果如图 4-9 所示。

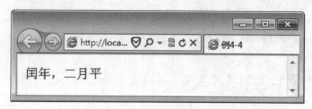

图 4-9　例 4-4 程序运行结果

switch 结构还允许在 case 后面跟条件表达式，如果 switch( ) 语句括号中的结果，符合 case 后面的条件表达式，则执行该 case 模块中的程序。

【例 4-5】判断成绩的等级程序。

```
<form id="form1" name="form1" method="post" action="">
    请输入你的成绩：
    <input name="score" type="text" id="score" size="8" />
    <input type="submit" name="button" id="button" value="提交" />
</form>
<?php
if(isset($_POST['button']))
{
```

```
        $cj=$_POST['score'];
        switch($cj)
        {   case $cj<60:
                echo "成绩不合格";
                break;
            case $cj>=60&&$cj<70:
                echo "成绩合格";
                break;
            case $cj>=70&&$cj<80:
                echo "成绩中等";
                break;
            case $cj>=80&&$cj<90:
                echo "成绩良好";
                break;
            case $cj>=90&&$cj<=100:
                echo "成绩优秀";
                break;
            default:
                echo "分数异常";
        }}
?>
```

需要注意的是，每个 case 分支模块中必须有 break 语句，否则，PHP 会在执行完符合条件的 case 分支后，继续执行其后面所有的分支。

【例 4-6】成绩判断程序改写如下。

```
<form id="form1" name="form1" method="post" action="">
    请输入你的成绩：
    <input name="score" type="text" id="score" size="8" />
    <input type="submit" name="button" id="button" value="提交" />
</form>
<?php
if(isset($_POST['button']))
{
    $cj=$_POST['score'];
    echo "成绩： ".$cj."<br>";
    switch($cj)
    {   case $cj<60:
            echo "成绩不合格。";
        case $cj>=60&&$cj<70:
            echo "成绩合格。";
        case $cj>=70&&$cj<80:
            echo "成绩中等。";
        case $cj>=80&&$cj<90:
            echo "成绩良好。";
        case $cj>=90&&$cj<=100:
```

```
            echo "成绩合格。";
        default:
            echo "分数异常。";
    }}
?>
```

例 4-6 程序运行后，分别输入 50、80，程序运行的结果如图 4-10、图 4-11 所示。

图 4-10　程序运行的结果 1

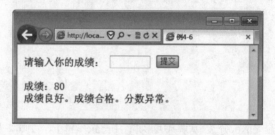

图 4-11　程序运行的结果 2

关于 switch 结构，可以参考慕课《switch 结构》学习。

4.2　循环结构

未知型循环　　　for 循环　　foreach 循环　遍历循环的应用　嵌套循环

循环结构是在某个条件满足的前提下，反复执行某一段程序的结构。它是程序设计中非常重要的一种控制结构。

在循环结构中，前提条件称为"循环条件"，反复执行的程序称为"循环体"。PHP 的循环结构有四种：while 循环、do…while 循环、for 循环及 foreach 循环。

4.2.1　while 循环

while 循环的语法格式如下：

```
while（条件表达式）
    {循环体}
```

在 while 循环中，先判断条件表达式是否成立，如果条件不成立（false），即直接跳过循环体，执行其后面语句；如果条件成立（true），即进入循环，执行循环体中的程序；然后回到条件表达式判断，如果条件继续成立，则继续执行循环体，直至条件表达式不成立为止。

while 循环结构流程图如图 4-12 所示。

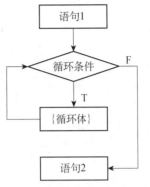

图 4-12　while 循环结构流程图

【例 4-7】编写程序，计算 1+2+3+4+…+99+100 的和。

```
<?php
    $he=0;    $i=1;
    while($i<=100)
        {
            $he=$he+$i;
            $i++;
        }
    echo '100 以内所有自然数之和是'.$he;
?>
```

利用循环结构，可以完成运算重复、步骤烦琐的计算过程。例 4-7 如果不使用循环结构，不仅程序的运算表达式变得烦琐，而且程序的可读性与简捷性也变得相当差。

 注意：

在循环的过程中，必须保证循环条件表达式在某个时候不成立，否则，程序将因为条件一直成立而在循环结构中不停运行，这种情况称为"死循环"。这是程序设计中必须避免的一种错误。

4.2.2　do…while 循环

do…while 循环的语法格式如下：

```
do
    {循环体}
while(循环条件表达式);
```

do…while 循环结构中，首先执行一次循环体中的程序，再判断循环条件表达式是否成立，若不成立，即退出循环，继续后面的程序；若循环条件成立，即再进入循环体，直至循环条件不成立为止。

在 do…while 循环结构中，循环体至少执行了一次。与 while 循环一样，do…while 循环也必须保证循环条件在某个时候不成立，以结束循环。

do…while 循环结构流程图如图 4-13 所示。

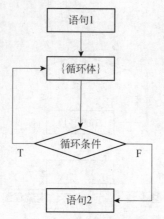

图 4-13 do…while 循环结构流程图

 注意：

do…while( )语句后面必须以分号结束。

【例 4-8】输入一个整数（假设是 3526），用程序将这个整数各个数位上的数字顺序倒过来（6253），并输出。

```php
<?php
    $s=3526;
    $w=0;
    do
        {
            $k=$s%10;
            $s=intval($s/10);
            $w=$w*10+$k;
        }
    while($s!=0);
    echo $w;
?>
```

关于 while 循环与 do…while 循环，可以参考慕课《未知型循环》进行学习。

4.2.3 for 循环

while 循环与 do…while 循环比较适合于事先无法判断次数的循环，对于事先就可以判断循环次数的循环，使用 for 循环更合适。

for 循环的语法格式如下：

> for(循环变量＝初始值;循环条件表达式;循环变量步长)
>   {循环体}

该结构的程序运行时，先赋给循环变量一个初始值，再判断循环条件是否成立，如果成立，即进入循环体执行一次，然后循环变量在原值的基础上自动变化一个步长值，再判断循环条件是否成立，直至循环变量的值不再满足循环条件，退出循环。for 循环结构流程图如图 4-14 所示。

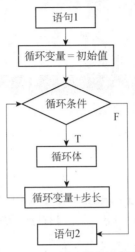

图 4-14 for 循环结构流程图

本节内容，可以结合慕课《for 循环》进行学习。

【例 4-9】求出以下式子中 k 的值。

$$k=\frac{1}{1}+\frac{1}{3}+\frac{1}{5}+\frac{1}{7}+\ldots+\frac{1}{97}+\frac{1}{99}$$

```
<?php
    $k=0;
    for($i=1;i<=50;$i+=2)
        {$k=$k+1/$i;}
    echo $k;
?>
```

4.2.4 foreach 循环

foreach 循环也称为"遍历循环"，但它只能用于遍历数组——对数组中每个元素都接触一遍，对其他类型的数据不支持。

foreach 循环的第一种语法格式如下：

```
foreach(数组名 as 镜像名)
    {循环体}
```

这种格式每次循环时，都将数组的当前元素值赋给镜像名，然后数组内部的指针指向下一个数组元素。

【例 4-10】遍历输出数组中的每个元素值。

```
<?php
    $a=array("中国","日本","韩国","新加坡");
    $i=1;
    foreach ($a as $value)
    {
        echo "第".$i."位:";
```

```
        echo $value."<br>";
        $i++;
    }
?>
```

例 4-10 程序运行结果如图 4-15 所示。

图 4-15 例 4-10 程序运行结果

foreach 循环的第二种语法格式如下：

```
foreach(数组名 as 键名变量=>键值变量)
    {循环体}
```

这种格式适合于关联数组，其运行原理与第一种格式相同，但每次循环会将数组中当前元素的键名赋给键名变量，当前元素的值赋给键值变量。

【例 4-11】遍历关联数组，输出每个元素的键名与键值。

```
<?php
    $a=array("a"=>"red","b"=>"blue","c"=>"while");
    foreach ($a as $key=>$value)
        echo $key."".$value."<br>";
?>
```

例 4-11 程序运行结果如图 4-16 所示。

图 4-16 例 4-11 程序运行结果

 注意：

所有类型的循环结构，如果循环体只有一句程序，可以省略{ }。

关于 foreach 循环，可以结合慕课《foreach 循环》进行学习。

foreach 循环在实际开发中的一个应用，就是获取表单中复选框的值。表单中的复选框如图 4-17 所示。

图 4-17　表单中的复选框

【例 4-12】使用 foreach 循环获取表单中复选框的值。

```
<form id="form1" name="form1" method="post" action=" ">
兴趣爱好：
   <label>
     <input type="checkbox" name="xq[]" value="读书" id="xq_0" />
     读书</label>
   <label>
     <input type="checkbox" name="xq[]" value="音乐" id="xq_1" />
     音乐</label>
   <label>
     <input type="checkbox" name="xq[]" value="摄影" id="xq_2" />
     摄影</label>
   <label>
     <input type="checkbox" name="xq[]" value="篮球" id="xq_3" />
     篮球</label>
   <label>
     <input type="checkbox" name="xq[]" value="舞蹈" id="xq_4" />
     舞蹈</label>
   <br />
   <input type="submit" name="button" id="button" value="提交" />
</form>
<?php
   if(!empty($_POST['button']))
   {
       $xq=$_POST['xq'];   //获取 xq 框的值
       echo "你的兴趣爱好有：";
       foreach($xq as $k)
              echo $k .' '; //输出数组中各个元素的值
   }
?>
```

注意：

表单中的所有"兴趣爱好"复选框的名称是"xq[ ]"，这样才能使所有的复选框形成一个控件数组，每个复选框是这个数组的一个元素，复选框的 value 属性值是元素的值。PHP 程序通过 $xq=$_POST['xq']语句获取整个控件数组的值。$xq 数组中的元素，由用户的选择情况决定。foreach 循环结构将$xq 数组遍历一次，将各个元素值输出。程序运行的结果分别如图 4-18、图 4-19 所示。

图 4-18　程序运行的结果 1

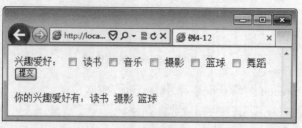

图 4-19　程序运行的结果 2

本例内容可以参考慕课《遍历循环应用》进行学习。

4.2.5　嵌套循环

在一个循环结构的循环体内，包含另一个循环结构，这种表达方式称为嵌套循环。嵌套循环可以有多层，如 A 循环体内包含 B 循环，B 循环体内又包含 C 循环。只有两层的嵌套循环称为双重循环，多于两层的嵌套循环称为多重循环。在实际应用中，通常建议循环不超过三重，若循环的层次过多，应当重新设计算法，简化程序。

前面的三种循环结构，都可以互相嵌套。需要注意的是，无论如何组合嵌套，都必须保证每个循环体的独立性与完整性，不可与其他循环体出现交叉。

正确的双重循环结构格式如下：

```
for( )
{    for 循环语句 1
    while( )
         {while 循环体
    for 循环语句 2
    …}
}
```

以上结构若写成下面的形式，就会出现交叉现象，错误。

双重循环的运行过程：外循环每执行一步，内循环完整地执行一遍，类似钟表时针与分针的转数关系。多重循环依次类推。图 4-20 是双重循环结构流程图。

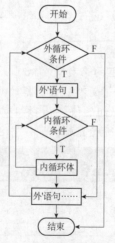

图 4-20　双重循环结构流程图

【例4-13】编写程序，输出以下图案。

```
<?php
    for($i=1;$i<=5;$i++)
        {
            for($j=1;$j<=$i;$j++)
                echo "*";
            echo "<br>";
        }
?>
```

本节内容可以参考慕课《嵌套循环》进行学习。

 ## 4.3 流程控制符

流程控制符

在程序控制中，有时会因为某个条件的需要，中断原本设定的程序运行顺序，例如，在循环结构中，即使循环条件依然满足，也不再继续执行循环体。或者在某个条件成立时，停止执行所有的程序。此时，就需要使用流程控制符。

PHP的流程控制符有四种：break、continue、return与exit。

4.3.1 break

break语句在switch分支选择结构中，就已经使用过，用于中断switch结构的运行，跳出分支选择。在循环结构中，break语句用于跳出当前循环。

【例4-14】找出20以内2与3的第一个公倍数。

```
<?php
    $i=1;
    while($i<=20)
    {
        if($i%2==0&&$i%3==0)
        {
            echo'第一个2与3的公倍数是'.$i;
            break;
        }
        $i++;
    }
?>
```

20 以内 2 与 3 的公倍数有 6、12、18，但当程序运行到$i=6 时，就遇上 break 语句，循环结束，因此，仅输出 6。例 4-14 程序运行结果如图 4-21 所示。

图 4-21　例 4-14 程序运行结果

4.3.2　continue

break 语句是结束其所在的整个循环，而 continue 语句是跳过其所在循环的当前一步，进入下一次循环，如果循环条件依然满足，那么其所在的循环会继续执行。

【例 4-15】输出 20 以内所有不是 2 与 3 的公倍数。

```
<?php
    $i=0;
    echo "20 以内所有不是 2 与 3 的公倍数的有：";
    while($i<20)
    {
        $i++;
        if($i%2==0&&$i%3==0)
            continue;
        echo $i.'、';
    }
?>
```

程序的循环变量是$i，只要$i 的值符合条件$i%2==0&&$i%3==0，程序运行 continue 语句，从而跳过本次循环体中的输出语句 echo $i.'、'。例 4-15 程序运行结果如图 4-22 所示。

图 4-22　例 4-15 程序运行结果

4.3.3　return 与 exit

return 与 exit 语句都用于结束当前程序脚本的运行。它们与 break 语句相似，但 break 语句只退出其所在的循环，而 return 与 exit 即退出其所在的整个脚本文件。return 与 exit 语句运行流程图如图 4-23 所示。

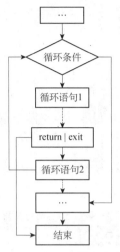

图 4-23　return 与 exit 语句运行流程图

 注意：

如果 return 语句在函数体中使用，即退出函数体或者给函数体带回一个返回值而不结束整个程序脚本。具体参阅《第 5 章函数》。

下面的示例，可以对比 return、exit 的作用，以及与 break 之间的区别。

【例 4-16】求出 20 以内所有不是 2 与 3 的公倍数。

```
<?php
    $i=0;
    echo "20 以内所有不是 2 与 3 公倍数的有：";
    while($i<20)
    {
        $i++;
        if($i%2==0&&$i%3==0)
            break;
        echo $i.'、';
    }
    echo '循环结构结束<br />';
    echo "这是 break 控制符的示范";
?>
```

例 4-16 程序运行结果如图 4-24 所示。

图 4-24　例 4-16 程序运行结果

【例 4-17】将例 4-16 中的 break 换成 return 或 exit。

```
<?php
    $i=0;
    echo "20 以内所有不是 2 与 3 公倍数的有：";
```

```
        while($i<20)
        {
            $i++;
            if($i%2==0&&$i%3==0)
                exit;
            echo $i.'、';
        }
        echo '循环结构结束<br />';
        echo "这是 exit 控制符的示范";
?>
```

例 4-17 程序运行结果如图 4-25 所示。

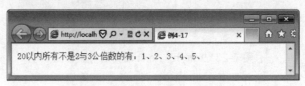

图 4-25　例 4-17 程序运行结果

 注意：

如果 exit 或 return 语句终止的是整个页面的运行，则除了 PHP 程序外，如果其后面还存在其他的 html 代码，也一并不再执行。

本节内容，可以参考慕课《流程控制符》进行学习。

思考与练习

一、单项选择题

1. 下列关于程序控制结构，正确的是（　　）。
A. if 条件结构中，条件表达式的结果必须为 true，否则程序将出错
B. 同样条件下，do…while 结构比 while 结构多循环一次
C. for 循环不会出现死循环
D. foreach 循环只能用于遍历数组
2. 语句 for($k=0;$k=1;$k++);和语句 for($k=0;$k==1;$k++);执行的次数分别是（　　）。
A. 无限和 0　　　　B. 0 和无限　　　　C. 都是无限　　　　D. 都是 0
3. 执行下面哪个流程控制符，一定终止整个脚本文件的运行？（　　）。
A. break　　　　B. continue　　　　C. return　　　　D. exit
4. 以下循环程序中，绝对不会出现死循环的是（　　）。
A. $i=2;while($i<=3){…}　　　　　　　B. $i=2;do…while($i<=3);
C. for($i=2;$i<=3;$i--){…}　　　　　　D. foreach($arr as $k){…}
5. 下面的嵌套循环中，语句 $k+=2 一共执行了（　　）次。

```
<?php
    for($i=0;$i<=3;$i++)
    {
```

```
        $j=0;
        while($j<=$i)
        {
            $k+=2;
        }
    }
?>
```

A. 4   B. 6   C. 10   D. 16

二、填空题

1. 下面程序运行以后，输出的结果是_____。

```
<?php
    $i=1;
    while($i<=20)
    {
        if($i%2==0||$i%3==0)
            {break;}
        echo $i.' ';
        $i++;
    }
?>
```

2. 下面的程序，如果输入 75，程序输出的结果是_____。

```
<?php
    if(!empty($_POST['button']))
    {
        if($_POST['score']>=60)
            {echo '成绩合格';}
        elseif($_POST['score']>=70)
            {echo '成绩中等';}
        elseif($_POST['score']>=80)
            {echo '成绩良好';}
        elseif($_POST['score']>=90)
            {echo '成绩优秀';}
        else
            {echo'成绩不合格';}
    }
?>
```

三、应用练习

1. 请设计一个程序，让用户输入一个数，然后判断这个数是奇数还是偶数，并将判断的结果输出。

2. 请编写程序，输入消费额以后，计算并输出消费优惠价。计算的标准如下：
100 元以下（含 100）：无优惠
100～300 元（含 300）：9 折

300～400元（含400）：8.5折
401～500元（含500）：8折
500元以上：7.5折

3. 鸡兔同笼问题，已知鸡、兔的总头数是M，总脚数是N，请编写程序求出鸡、兔各几只？

4. 请设计一个程序，每次用户输入一个三位的正整数，然后输出逆序的数字（例如输入的是123，逆序以后输出321）。注意，当输入的数字含有结尾的0时，输出不应带有前导的0。如输入700，输出应该是7。

5. 如果一个三位数，其每个数位上的数字的3次方之和，等于该数自身，这个数称为"水仙花"数，例如，$153 = 1^3 + 5^3 + 3^3$。请用程序求出所有的水仙花数。

6. 请分别编写程序，输出以下三种图案：

```
    *        *****          *
   **        ****          ***
  ***        ***          *****
 ****        **          *******
*****        *          *********
```

7. 百鸡问题：已知公鸡每只5元，母鸡每只3元，小鸡每3只1元，用100元买100只鸡，请程序求出公鸡、母鸡、小鸡各多少只？

8. 下图是数学中著名的"杨辉三角"，请用程序根据需要，输出9行的"杨辉三角"。

```
            1
           1  1
          1  2  1
         1  3  3  1
        1  4  6  4  1
       1  5 10 10  5  1
      1  6 15 20 15  6  1
     1  7 21 35 35 21  7  1
    1  8 28 56 70 56 28  8  1
```

第 5 章 函数

函数,是将一段完成特定任务的程序封装的独立代码块。它通过参数获取外界程序的数据,并通过返回值将函数中的运行结果,提交至外界程序。将这些代码封装成函数以后,既可以简化代码结构,实现代码的重用,又能够减少代码编写工作量与程序的后期维护工作。

PHP 中的函数分为三类:系统函数、自定义函数及变量函数。

 ## 5.1 系统函数

系统函数是 PHP 事先已经提供的函数,用户使用这些函数时,不需要再对函数进行定义,也不需要关心实现其功能的内部程序,只需要根据其参数需求,直接引用即可实现所需的功能。本章主要介绍一些常见系统函数。

5.1.1 数据检查类函数

1. is_numeric( )函数

is_numeric( )函数用于检查数据是否为数字,其参数可以是一个变量,也可以是一个标量。如果参数全部是数字(包括小数),函数的返回值是 true,否则为 false。

【例 5-1】判断变量内容是否全部是数字。

```php
<?php
    $A=12.3;
    if(is_numeric($A))
        echo "变量 A 都是数字";
    else
        echo "变量 A 不是纯数字";
?>
```

例 5-1 程序运行结果如图 5-1 所示。

图 5-1 例 5-1 程序运行结果

需要注意的是,is_numeric( )只检查数据内容,不检查数据类型,只要数据内容是数字,无论是数值型还是字符串型，is_numeric( )都返回 true。

【例 5-2】is_numeric( )函数不区别纯数字的字符串与数值。

```
<?php
    $A=123;
    $B="123";
    if(is_numeric($A))
        echo "A 是数字<br>";
    if(is_numeric($B))
        echo "B 是数字";
?>
```

例 5-2 程序运行结果如图 5-2 所示。

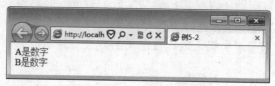

图 5-2　例 5-2 程序运行结果

2. 其他常用数据检查函数

PHP 针对各种类型的数据，都提供相应的检查函数，这些函数的语法格式与 is_numeric( )相同。其他常用数据检查函数的说明及举例见表 5-1。

表 5-1　其他常用数据检查函数的说明及举例

函数名	说明	举例
is_int	检测数据是否为整数型	is_int(12)=true
is_float	检测数据是否为浮点数型	is_float (12.3)=true
is_string	检测数据是否为字符串型	is_string ("12ab")=true
is_bool	检测数据是否为布尔型	is_bool (1>2)=true
is_array	检测数据是否为数组	$A=array();is_array ($A)=true
is_null	检测数据是否为 NULL	$a=NULL;is_null($a)=true

5.1.2　时间日期类函数

PHP 的时间日期，使用 UNIX 的时间戳机制，以格林威治时间 1970-1-1 00：00：00 为 0 秒，向后以秒为单位累加计时，如 1970-1-1 01:00:00 的时间戳是 3600。这与现实生活中的时间使用习惯区别很大，PHP 为此提供一系列时间日期的格式转换函数。

1. date( )函数

date( )函数是 PHP 中最常用的日期函数，它的主要功能是格式化服务器的本地日期。其基本语法格式如下：

```
date（format[,timestamp]）
```

其中，format 是必填参数，用于指定用户需要的日期输出格式，该参数中的内容，应当依据 PHP 已经规定的系统关键字进行设置。具体参考表 5-2。

timestamp 是可选参数，用于指定需要转换格式的时间戳。如果不填，默认为系统当前的时间戳。

【例 5-3】输出当前的系统日期。

```
<?php
    echo "当前系统日期是".date("Y-m-d");
?>
```

例 5-3 程序运行结果如图 5-3 所示。

图 5-3　例 5-3 程序运行结果

使用 date( ) 函数时，format 参数的字符及含义见表 5-2。

表 5-2　format 参数的字符及含义

字符	含义
Y	表示年，以四位数字输出
F/M	表示月，用英文单词输出月份，F 输出全英文，M 只输出三个字母
m/n	表示月，m 以两位数字输出，不足补零，n 不补零
d/j	表示天，d 以两位数字输出，不足补零，j 不补零
w/l/D	表示星期几，w 以数字输出，周日为 0，周六为 6。小写字母 l，以全单词输出，大写 D 只输出三个字母
w	表示日期处于全年中的第几周，以数字输出
h	12 小时制的显示格式，不足两位首位补零。采用 24 小时制进行计算
i	首位补零的分
s	首位补零的秒
a/A	a 输出小写的 am 或 pm（午前/午后），A 输出大写的 AM 或 PM
t	表示本月有多少天，以数字输出

【例 5-4】实现当前系统时间日期不同格式的输出方式。

```
<?php
    echo "现在是".date("Y")."年".date("m")."月".date("d")."日";
    echo "[".date("l")."  星期".date("w")."]";
    $noon=date("a")=="am"?"上午":"下午";
    echo $noon.date("h:i:s")."<br>";
    echo "本周是今年第".date("W")."周<br>";
    echo "本月一共有".date("t")."天";
?>
```

例 5-4 程序运行结果如图 5-4 所示。

图 5-4　例 5-4 程序运行结果

从例 5-4 的运行结果，可以看到使用 date("w")得到的星期，是以阿拉伯数字表示的。使用例 5-5 程序，实现所有的星期格式都是纯中文。

【例 5-5】将当前的星期转换为中文格式。

```php
<?php
    echo "现在是".date("Y")."年".date("m")."月".date("d")."日";
    $week_n=date("w");//当前时间的星期数
    $week_c="";
    switch ($week_n)
    {
        case 0:
            $week_c="星期天";
            break;
        case 1:
            $week_c="星期一";
            break;
        case 2:
            $week_c="星期二";
            break;
        case 3:
            $week_c="星期三";
            break;
        case 4:
            $week_c="星期四";
            break;
        case 5:
            $week_c="星期五";
            break;
        case 6:
            $week_c="星期六";
            break;
    }
    echo $week_c;
?>
```

例 5-5 程序运行结果如图 5-5 所示。

图 5-5 例 5-5 程序运行结果

2. mktime( )函数

date( )函数的第二个参数是时间戳，属于可选参数。在具体应用中，可以通过该参数，指定需要转换格式的时间戳。人工计算某个日期的时间戳，是一件很不方便的工作，通常引入 mktime( )函数解决。

mktime( )函数返回一个时间日期的 UNIX 时间戳，其语法格式如下：

mktime([hour,minute,second,month,day,year])

mktime( )函数的参数列表，按"时，分，秒，月，日，年"的顺序设置，都是可选的。如果所有参数都不填（不建议），则默认返回当前的系统时间戳。

【例 5-6】分别使用 time( )函数及 mktime( )函数，输出时间日期。

```
<?php
    echo "现在是:".date("Y-m-d h:i:s",time());    //输出当前日期时间
    echo "<br>";
    $d=mktime(0,0,0,10,1,1949);
    echo "中华人民共和国成立于：".date("Y-m-d",$d);
?>
```

例 5-6 程序运行结果如图 5-6 所示。

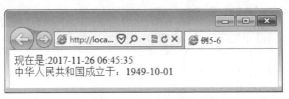

图 5-6　例 5-6 程序运行结果

mktime( )函数对于参数中设置越界的数值，能够自动运算较正。

【例 5-7】输出指定的日期时间。

```
<?php
    $d1=mktime(0,0,0,13,2,2016);
    $d2=mktime(25,1,1,10,32,2016);
    echo '$d1 的时间为'.date("Y-m-d h:i:s",$d1);
    echo "<br>";
    echo '$d2 的时间为'.date("Y-m-d h:i:s",$d2);
?>
```

例 5-7 程序中，$d1 设置的日期为 2016 年 13 月 2 日，这是一个月份越界的日期。$d2 设置的日期时间为 2016 年 10 月 32 日 25 时 1 分 1 秒，这是一个日越界、时越界的日期。

针对这种情况，PHP 会自动将$d1 校正为 2017 年 1 月 2 日，$d2 校正为 2016 年 11 月 2 日 1 时 1 分 1 秒。例 5-7 程序运行效果如图 5-7 所示。

图 5-7　例 5-7 程序运行效果

3. strtotime( )函数

strtotime( )函数的功能是将日常阅读习惯中的日期时间转换为 UNIX 时间戳，它的参数可以是类似"年-月-日"格式的时间表达式，也可以是类似"today""yesterday"的时间单词，

还可以是"last month"类的时间短语。

【例 5-8】输出生活中习惯表达的日期时间。

```
<?php
    $t1=strtotime("today");
    $t2=strtotime("yesterday");
    $t3=strtotime("last Thursday");
    $t4=strtotime("2017-12-02");
    echo "今天是".date("Y-m-d",$t1)."<br>";
    echo "昨天是".date("Y-m-d",$t2)."<br>";
    echo "上周四是".date("Y-m-d",$t3)."<br>";
    echo "2017 年 12 月 2 日的时间戳是：".$t4."<br>";
?>
```

例 5-8 程序运行结果如图 5-8 所示。

图 5-8　例 5-8 程序运行结果

 注意：

strtotime( )函数并不能保证转换参数中所有的字符串内容，因此需要用户自行检查参数内容，以免出现意想不到的错误，如例 5-9 所示。

【例 5-9】PHP 无法识别生活中习惯表达的日期时间。

```
<?php
    $dd=strtotime("two days later");
    echo "two days later is ".date("Y-m-d",$dd);
?>
```

例 5-9 程序运行结果如图 5-9 所示。无法实现两天后的日期。

图 5-9　例 5-9 程序运行结果

strtotime( )函数还支持运算符操作。可以在某个日期或时间的基础上，进行前进或后退的计算。

【例 5-10】输出两天后的日期，以及 1 周以后的日期。

```php
<?php
    $d1=strtotime("today +2 days");
    $d2=strtotime("+1 week");
    echo "今天是".date("Y-m-d")."<br>";
    echo "后天是".date("Y-m-d",$d1)."<br>";
    echo "一周以后是".date("Y-m-d",$d2);
?>
```

例 5-10 程序运行结果如图 5-10 所示。

图 5-10　例 5-10 程序运行结果

4. checkdate( )函数

checkdate( )函数用于检查一个日期是否属于有效日期，但不检查时间。其语法格式如下：

```
checkdate(month,day,year)
```

其中，month、day 与 year 三个参数都是整型。如果参数中的值属于有效日期，函数返回 true，否则返回 false。参数 year 的取值范围为 1～32767。

【例 5-11】判断某个日期是否正确。

```php
<?php
    $y=2017;      //年份
    $m1=11;       //月份1
    $m2=2;        //月份2
    $d=30;        //日
    if(checkdate($m1,$d,$y))
        echo "合法日期：".$y."-".$m1."-".$d."<br>";
    else
        echo "无效日期<br>";
    if(checkdate($m2,$d,$y))
        echo "合法日期：".$y."-".$m2."-".$d."<br>";
    else
        echo "无效日期<br>";
?>
```

例 5-11 程序运行结果如图 5-11 所示。2 月没有 30 号，因此第二个日期判断为无效日期。

图 5-11　例 5-11 程序运行结果

5.1.3 随机函数

PHP 常用的随机函数是 mt_rand( )。其语法格式如下：

```
mt_rand([min_num,max_num]);
```

如果指定参数 min_num 与 max_num 的值，即随机返回一个[min_num,max_num]之间的整数，如果不指定两个参数的值，即随机返回一个整数，其取值范围与系统的字长有关。

【例 5-12】产生一个随机的数值与一个指定范围的随机数值。

```php
<?php
    $n1=mt_rand( );
    $n2=mt_rand(1,10);    //产生 1～10 之间的随机整数
    echo $n1."<br>";
    echo $n2;
?>
```

例 5-12 程序，每次运行输出的结果都不一样。图 5-12 是其中一次运行的结果。

图 5-12　例 5-12 程序其中一次运行的结果

随机函数常用于产生随机验证码。

【例 5-13】产生一个由大写字母与阿拉伯数字组成的 4 位随机验证码。

```php
<?php
    $seed="ABCDEFGHIJKLMNOPQRSTUVWXYZ123456789";
    $max=strlen($seed)-1;       //字符串下标最大值
    $vercode="";                //验证码字符串
    for($i=0;$i<4;$i++)
    {
        //在字符串数组的下标范围内随机取值
        $index=mt_rand(0,$max);
        $vercode.=$seed[$index];
    }
    echo $vercode;   //输出验证码
?>
```

例 5-13 程序运行结果如图 5-13 所示。

图 5-13　例 5-13 程序运行结果

5.1.4 文件包含函数

为了提高代码的重用率，方便维护程序，常把一些代码模块独立保存为一个文件，如类。然后在需要使用这些代码的文件中，嵌入程序段，实现代码重用。

PHP 可以使用 include( )、require( )、include_once( )、require_once( )四个函数将某个文件嵌入函数所在的文件中。

1. include( )与 require( )函数

两个函数都能将文件嵌入当前文件中。使用 include( )函数包含一个不存在的文件时，PHP 会发出警告，但程序的运行不会中断，而 require( )函数会停止程序的运行。

【例 5-14】有两个文件：5-14A.php 与 5-14B.php。要求在 5-14A.php 中包含 5-14B.php。

【5-14A.php】

```
<?php
    echo "当前文件位置：5-14A.php";
    include("5-14B.php");   //包含 B 文件
?>
```

【5-14B.php】

```
<?php
    echo "<hr>";
    echo "当前文件名 5-14B.php";
?>
```

运行 5-14A.php 文件，运行结果如图 5-14 所示。

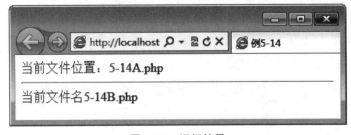

图 5-14　运行结果

【例 5-15】分别用 require( )与 include( )包含一个不存在的文件。

```
<?php
    echo "当前代码位置：1<br>";
    include("A.php");
    echo "当前代码位置：2<br>";
    require("A.php");
    echo "当前代码位置：3";
?>
```

例 5-15 程序运行结果如图 5-15 所示。

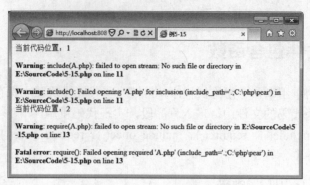

图 5-15 例 5-15 程序运行结果

从图 5-15 可以看到，尽管 include( )函数包含一个不存在的文件而报错，但 PHP 依然继续执行其后面的 echo 语句，从面输出"当前代码位置：2"，而同样的情况，require( )函数就导致程序终止运行。

2. include_once( )与 require_once( )函数

include_once( )、require_once( )函数的用法分别与 include( )和 require( )函数一样，但在同一个文件中多次使用 include_once( )或 requrie_once( )函数时，只有第一次会将文件包含，使用这个函数可以避免多次包含同一文件，以免造成意外。

【例 5-16】将 5-14A.php 文件的程序修改如下：

```
<?php
    echo "当前测试点 5-16-1<br>";
    include_once("5-14B.php");   //包含 B 文件
    echo "当前测试点 5-16-2<br>";
    include_once("5-14B.php");   //再次包含 B 文件
    echo "当前测试点 5-16-3<br>";
    require_once("5-14B.php");
?>
```

例 5-16 程序运行结果如图 5-16 所示。

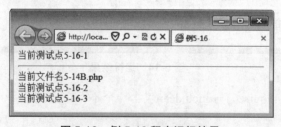

图 5-16 例 5-16 程序运行结果

从图 5-16 可以看到，对同一个文件，只要使用 include_once( )或 require_once( )函数，那么后面无论使用 include_once( )还是 require_once( )函数，该文件都不会再被包含。

 注意：

同一文件，如果使用 include_once( )函数以后，再使用 include( )函数，依然有效。require( )与 require_once( )函数也一样。

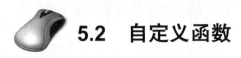

5.2　自定义函数

5.2.1　函数的定义

自定义函数是程序员根据实际需要，编写的一段完成特定功能的、可重复调用的代码。一个自定义函数的语法格式如下：

```
function  函数名([参数 1|参数 2 | 参数 3…])
{函数体}
```

示例：

```php
<?php
    function my_fun($A,$B)
    {    echo "自定义函数输出两数之和是".($A+$B);}
?>
```

其中，函数名的命名规则参考变量的命名规则。

5.2.2　函数的调用

任何一个函数定义以后，必须通过函数名调用该函数，PHP 才会执行其中的程序，实现其功能。要调用一个函数，只要通过其函数名即可。

函数可以在调用点之前声明，也可以在调用点之后声明，这并不影响程序的运行结果。但良好的编程习惯，应当是先声明后调用。

【例 5-17】调动自定义函数。

```php
<?php
function my_fun1( )
{
    $A=1;
    $B=2;
    $C=$A+$B;
    echo "自定义函数输出两数之和是".$C;
}
function my_fun2( )
{
    $A=3;
    $B=2;
    $C=$A-$B;
    echo "自定义函数输出两数之差是".$C;
}
    my_fun1( );   //调用自定义函数 my_fun( )
?>
```

由于主程序只调用了 my_fun1( )，没有调用 my_fun2( )，因此 my_fun2( )的程序不生效。

程序运行的结果是输出"自定义函数输出两数之和是 3"。例 5-17 程序运行结果如图 5-17 所示。

图 5-17 例 5-17 程序运行结果

5.2.3 函数的执行

在调用函数的程序中,程序从调用语句处跳到函数体内部执行,执行完函数体内部的语句以后,再跳回到调用语句后面的一句程序继续执行。函数调用执行示意图如图 5-18 所示。

函数执行的语法格式如下:

```
function my_fun( )
{    函数语句 1;
     函数语句 2;
         …
}
语句 1;    //程序自此处开始执行
语句 2;
调用函数语句  my_fun( );
语句 3;
语句 4;
…
```

图 5-18 函数调用执行示意图

5.2.4 函数的参数

函数的参数是函数体与外部程序进行数据交流的接口,调用函数时,通过参数将数据传递给函数内部。函数参数的传递,可以按值传递,也可以引用传递。

1. 按值传递

【例 5-18】按值传递函数的参数。

```
<?php
    function my_fun($A,$B)
    {    $C=$A+$B;
         echo $C;        //函数的返回值是变量 C 的值
    }
    my_fun(3,4);          //调用函数 my_fun( ),参数值分别是 3 与 4
    echo $A;
?>
```

以上程序运行时，通过 my_fun(3,4)语句调用自定义函数，其中 3 传递给函数的参数变量 $A，4 传递给函数的参数变量 $B。

函数的参数也可以通过变量传递值。例 5-18 程序中的函数 my_fun( )也可以如例 5-19 传递参数值。

【例 5-19】按值传递函数的参数。

```php
<?php
    function my_fun($A,$B)
    {   $C=$A+$B;
        echo $C;        //函数的返回值是变量 C 的值
    }
    $d1=3;
    $d2=5;
    my_fun($d1,$d2);    //调用函数 my_fun( )，参数值分别是 3 与 4
    echo $A;
?>
```

例 5-19 程序运行以后，变量$d1 的值传递给函数的参数变量$A，变量$d2 的值传递给函数的参数变量$B。以上两种参数传递方式，都属于按值传递方式。

按值传递的方式，因为函数的参数变量的作用域只在函数体内。如例 5-19，$d1 与$d2 只是将各自的值传递给 my_fun( )函数的参数变量$A 与$B，无论函数体内$A 与$B 的值如何改变，$d1 与$d2 的值不会受影响。

2. 引用传递

引用传递中，外部程序传递给函数参数的内容，并不是一个值，而是变量的内存地址，使函数的参数与外部变量共享同一个内存空间。定义函数的参数使用引用传递的方法是在该参数前加&。

【例 5-20】使用引用传递方式传递函数的参数。

```php
<?php
    function my_fun(&$A,$B)
    {   $A=$A+3;
        $B=$B+3;
        echo '$A='.$A.'  ';
        echo '$B='.$B.'<br>';
    }
    $d1=2;
    $d2=3;
    my_fun($d1,$d2);        //调用 my_fun( )
    echo '$d1='.$d1.'  ';
    echo '$d2='.$d2.'<br>';
?>
```

例 5-20 程序中，函数 my_fun( )的第一个参数 A，采用引用传递方式，第二个参数 B 采用按值传递方式。主程序调用该函数以后，$d1 与函数中的$A 共用一个内存空间，而$d2 则把值赋予函数的$B。按值传递与引用传递示意图如图 5-19 所示。

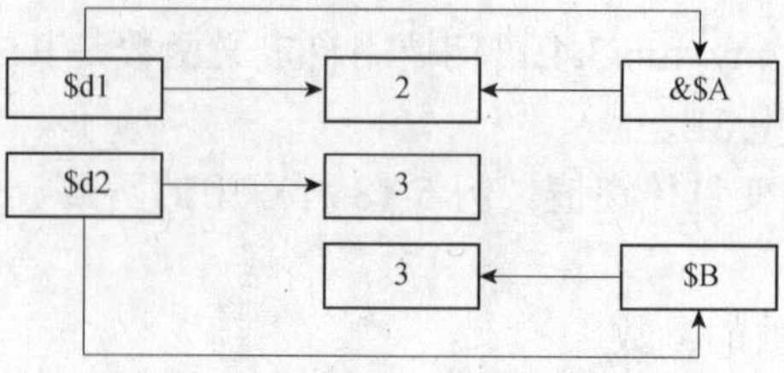

图 5-19 按值传递与引用传递示意图

函数调用完以后，$A 的值为 5，因而主程序中$d1 的值也是 5。而$B 的值变为 6，但$d2 的值依然为 3。

例 5-20 程序运行结果如图 5-20 所示。

```
$A=5;$B=6
$d1=5;$d2=3
```

图 5-20 例 5-20 程序运行结果

3. 参数默认值

函数的参数也可以在定义时，指定一个默认值。如果调用该函数时，没有给这个参数传递新值，函数就按默认值进行调用，如果另外传递新值，函数选择按新值进行调用。

【例 5-21】参数默认值的使用。

```php
<?php
    function my_fun($A,$B=5)
    {
        $A=$A+3;
        $B=$B+3;
        echo '$A+3='.$A.'<br>';
        echo '$B+3='.$B.'<br>';
    }
    $d1=2;
    $d2=3;
    my_fun($d1,$d2);    //调用 my_fun( )
    my_fun($d1);
?>
```

程序第一次调用 my_fun( )函数时，分别给参数$A 与$B 传递值，$A、$B 则按新传递的值进行运算。第二次调用 my_fun( )时，没有传递新值给$B，因此$B 按默认值 5 进行运算。

例 5-21 程序运行结果如图 5-21 所示。

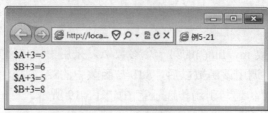

图 5-21 例 5-21 程序运行结果

5.2.5 函数体

函数体是实现函数功能的程序语句集合，包括变量、表达式，函数体也可以调用其他的函数或类。

【例 5-22】函数体调用其他函数。

```php
<?php
    function my_fun1( )
    {
        $A=1;$B=2;
        $C=$A+$B;
        echo $C."<br>";}
    function my_fun2( )
    {
        my_fun1( );
        echo "my_fun2( )调用结束";
    }
    my_fun2( );   //调用函数 my_fun2( )
?>
```

例 5-22 中，主程序只调用 my_fun2( )函数，但 my_fun2( )函数的内部调用了 my_fun1( )函数。例 5-22 程序运行结果如图 5-22 所示。

图 5-22　例 5-22 程序运行结果

5.2.6 函数返回值

函数的返回值，是函数向外界程序反馈运行结果的窗口。如果需要函数有一个返回值，需要在函数体中使用 return 语句。

【例 5-23】调用函数返回值。

```php
<?php
    function my_fun( )
    {
        $A=1; $B=2;
        $C=$A+$B;
        return $C;   //函数返回变量 C 的值
    }
    function my_fun2( )
    {
        $A=3;
        $B=$A+my_fun( );//调用 my_fun( )，得到其返回值 3
```

```
        return $B;        //函数返回变量 B 的值
    }
    $A=my_fun2( );        //调用 my_fun2( )，得到其返回值
    echo $A;
?>
```

例 5-23 程序运行后，函数 my_fun( )的返回值是其变量$C 的值，函数 my_fun2( )的返回值是其变量$B 的值。因此主程序中的变量$A 的值是 6。

 注意：

如果函数体中的 return 语句后面没有任何值，函数体将从 return 语句处中断执行，跳转到调用函数的下一句程序。见例 5-24。

【例 5-24】单独的 return 语句中断函数的执行。

```
<?php
    function my_fun($A,$B)
    {
        $A=$A+3;
        echo '$A+3='.$A.'<br>';
        return;                //此句以下的函数体不再执行
        $B=$B+3;
        echo '$B+3='.$B.'<br>';
    }
    $d1=2;
    $d2=3;
    my_fun($d1,$d2);           //调用 my_fun( )
?>
```

例 5-24 程序运行结果如图 5-23 所示。

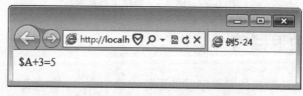

图 5-23　例 5-24 程序运行结果

5.2.7　函数的递归调用

递归是程序设计中非常独特的一种算法。PHP 也支持函数的递归调用。所谓递归调用，是指在函数体中调用该函数自身。

【例 5-25】计算某个数的阶乘。阶乘公式：n!=n*(n−1)*(n−2)*…*1(n>1)。

```
<?php
    function f($A)
    {
        if($A==1)
            return $A;
```

```
                else
                        return $A*f($A-1); //递归调用
        }
        echo f(5);
?>
```

递归调用由递进与回归两个过程完成，在递进阶段，每进一步，函数的参数值必须离递归的临界值更近一步。以上程序中，自定义函数 f($A)用于计算某数的阶乘。函数体的算法思路：参数$A 的值为需求阶乘的数值，函数的返回值为$A 的阶乘结果。当$A 为 1 时，阶乘的结果是 1，函数直接返回该结果；当$A 的值为 n，且 n>1 时，因为 n!=n*(n-1)!，而函数 f(n-1)即可求(n-1)!，因此，f(n)=n*f(n-1)。

程序的运行过程如下。

首先是递进：

f(5)=5*f(4);

f(4)=4*f(3);

f(3)=3*f(2);

f(2)=2*f(1);

f(1)=1;

得到 f(1)＝1 以后，程序开始回归，即将上面过程中后式的值，代入前式：

f(2)=2*1=2;

f(3)=3*f(2)=3*2=6;

f(4)=4*f(3)=4*6=24;

f(5)=5*f(4)=5*24=120。

 注意：

递归调用必须保证函数的参数为某个值时，函数停止继续调用自身，这个值，称为"临界值"。递归调用必须有临界值，否则，递归将无限递进而无法回归，陷入"死循环"的情况。

 5.3 变量函数

变量函数是 PHP 比较特殊的一个概念。它将一个完整的自定义函数作为一个值，赋给某个变量，然后可以通过"变量名( )"调用该函数。

【例 5-26】变量函数的调用。

```
<?php
    $A="my_fun";
    function my_fun( )
    {
        $m=1;
        $n=2;
        return $m+$n;
```

```
        }
        echo $A( );   //变量函数的调用
?>
```

程序中的 echo $A( )就是变量函数，相当于 echo my_fun( )。

⚠ 注意：

在变量函数调用时，如果 PHP 找不到与变量值同名的函数，就会出错。见例 5-27。

【例 5-27】调用一个不存在的变量函数。

```
<?php
    $A="my_count";
    function my_fun( )
    {
        $m=1;
        $n=2;
        return $m+$n;
    }
    echo $A( );//变量函数的调用
?>
```

例 5-27 程序运行后，就会出现"找不到函数"的错误提示，例 5-27 程序运行结果如图 5-24 所示。

```
Fatal error: Call to undefined function my_count() in E:\PHP_site\mysql.php on line 33
```

图 5-24 例 5-27 程序运行结果

为避免出现以上情况，可以在调用变量函数之前，先使用系统函数 function_exists( )判断该变量函数是否存在，再决定是否调用。

【例 5-28】判断函数是否存在。

```
<?php
    $A="my_fun";
    function my_fun( )
    {
        $m=1;
        $n=2;
        return $m+$n;
    }
    if(function_exists($A))
        echo $A( );
?>
```

⚠ 注意：

function_exists( )函数用于判断某个函数名是否已定义，已定义即返回 true，否则返回 false。

思考与练习

一、单项选择题

1. 下列选项中，date("Y-n-j",time())的正确输出格式是（　　）。
   A. 2017-01-02　　B. 2017-01-2　　C. 2017-1-02　　D. 2017-1-2

2. $A=12，以下返回值为 true 的选项是（　　）。
   A. is_string($A);　　B. is_float($A);　　C. is_numeric($A);　　D. is_bool($A);

3. 以下表达式中，结果不可能是 10 的是（　　）。
   A. date("n",time());　　B. date("w",time());　　C. mt_rand(0,12);　　D. mt_rand(1,10);

4. 下列说法中正确的是（　　）。
   A. 自定义函数一定要有参数
   B. 自定义函数体中，不能调用系统函数
   C. 递归调用中，必须保证某个时刻终止递归
   D. 自定义函数的参数作用域只在函数体内

5. 下列说法中错误的是（　　）。
   A. include( )函数包含一个不存在的文件时，程序不会终止
   B. require( )函数包含一个不存在的文件时，程序不会终止
   C. 在一段程序中，可以多次使用 require( )函数包含同一个文件
   D. 可以同时使用 include_once( )与 require( )包含同一个文件

二、填空题

1. 以下程序运行后，x、y、z、r 的结果分别是＿＿＿＿＿＿。

```php
<?php
    function fun($a, $b)
    {
        if($a>$b)
            return $a;
        else
            return $b;
    }
    $x=3;
    $y=8;
    $z=6;
    $r=fun($x+2,$y*$z);
?>
```

2. 以下程序运行后，x、y、z、r 的结果分别是＿＿＿＿＿＿。

```php
<?php
    function fun(&$a, $b)
    {
        if($a<$b)
            return $a++;
        else
            return $b++;
```

```
        }
        $x=3;    $y=8;    $z=6;
        $a=fun($x,$y);
        $r=fun($a,2*$z);
?>
```

3. 以下程序运行后,x、y、z、r 的结果分别是_____。

```
<?php
   function fun(&$a, $b)
   {
      if($a<$b)
            return $++a;
      else
            return $b++;
   }
        $x=3;    $y=8;    $z=6;
        $a=fun($x,$y);
        $r=fun($a,2*$z);
?>
```

4. 以下程序运行后,输出的结果是_____。

```
<?php
        $k=4;    $m=1;
        $p=fun($k,$m);
        echo $p."、";
        $p=fun($k,$m);
        echo $p."、";
        function fun($a,$b)
        {
            static $m=0;
            $i=2;
            $i+=$m+1;
            $m=$i+$a+$b;
            return $m;
        }
?>
```

5. 以下程序运行后,输出的结果是_____。

```
<?php
function fun($str)
{
    for($i=0;$i<strlen($str);$i++)
    {
        $str[$i]=$str[strlen($str)-$i-1];
    }
    return $str;
}
    $str="I am OK";
    echo fun($str);
?>
```

三、应用练习

1. 请利用函数知识，编写程序，实现以下计算函数：

$$f(x,y,z) = (x+z)/(y-z) + (y+2*z)/(x-2*z)$$

并在程序中，求出当 x=3，y=4，z=5 时，f(x,y,z) 的值。

2. 一个正整数的因子是所有可以整除它的正整数。而一个数如果恰好等于除它本身外的所有因子之和，这个数就称为完数。例如，6=1+2+3（6 的因子是 1、2、3），所以 6 是完数。

请编写一个程序，读入两个正整数 n 和 m（1≤n＜m＜1000），输出 [n, m] 范围内所有的完数，如果该范围内没有完数，输出 NULL。

提示：可以写一个函数判断某个数是否是完数。

3. 编写程序，求出当前日期时间距离本学年高考还有几天几时几分几秒（假设每学年高考时间为 6 月 6 日 0 时 0 分 0 秒）。

4. 如果一个自然数，只能被 1 与它自身整除，这个数称为质数。请编写程序，求出 1~100 之间所有的质数。（提示：请定义一个函数判断某个数是否为质数。）

5. 如果一个自然数，除了能被 1 与其自身整除外，还能被更多的数整除，则该数是一个合数。请编写程序求出 1~100 之间，所有的合数。（提示：请定义一个函数判断某个数是否为合数。）

# 第 6 章 字符串处理

PHP 的字符串处理功能非常强大,它提供数十个用于处理字符串的内置函数,使用这些函数,可以在 PHP 程序中很方便地完成对字符串的各种操作。

 ## 6.1 常用输出函数

6.1.1 输出函数

输出字符串内容,常用 echo( )函数,也可以用 print( )函数。其语法格式如下:

```
print (string| $str)
```

使用 print( )函数需要注意以下两点。

(1) print( )函数不仅可以输出字符串,而且具有返回值,当输出成功时,返回 true;输出失败,返回 false。因此 print( )函数通常与条件表达式结合使用。

【例 6-1】使用输出函数。

```
<?php
    $dk="您好!";
    if(print $dk)
        echo "输出成功";
?>
```

例 6-1 程序运行结果如图 6-1 所示。

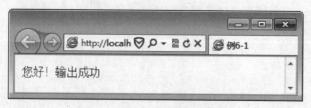

图 6-1 例 6-1 程序运行结果

(2) print( )函数不能像 echo( )函数那样一次输出多个字符串。

【例 6-2】print( )函数与 echo( )函数比较。

```php
<?php
    $dk="您好！";
    $ek="欢迎学习 PHP";
    echo $dk,$ek;      //正确用法
    print $dk,$ek;     //错误用法
?>
```

6.1.2 格式化输出函数

输出字符串时，利用字符串格式化函数，可以将字符串内容按用户设置的格式输出。能够实现字符串格式化的函数有许多：printf( )、fprintf( )、sprintf( )、vfprintf( )、vprintf( )与 vsprintf( )。其用法大同小异，下面以 prinft( )为例，说明函数的用法。

printf( )函数的语法格式如下：

> printf("输出格式",字符串)

其中，"输出格式"是一个含有%的字符串，其中%引领的就是格式描述内容，其内容可以包括填充字符、对齐方式符、字符串长度和输出类型说明符中的一项或多项。

【例 6-3】使用指定格式输出数据内容。

```php
<?php
    $num = 2;
    $str = "惠州";
    printf("在%s 有%u 百万辆自行车。",$str,$num);
?>
```

程序中的%s 表示在该处以字符串型输出相应的内容，%u 表示该处以数值型输出相应的内容。例 6-3 程序运行结果如图 6-2 所示。

图 6-2 例 6-3 程序运行结果

使用格式描述形式，printf( )函数的基本语法格式如下：

> printf("xxx %format1 xxx %format2 xxx…",str1,str2…)

formatn 表示输出格式符，输出格式符的含义及说明见表 6-1。

表 6-1 输出格式符的含义及说明

输出格式符	含义	说明
%%	输出百分号%	printf("%%")=>%
%b	输出二进制数	printf("%b",2)=>10
%c	输出 ASCII 值对应的字符	printf("%b",65)=>A
%d	包含正、负号的十进制数	printf("%d",-2)=>-2

续表

输出格式符	含义	说明
%e	使用小写的科学计数法	printf("%e",2")=> 2.000000e+0
%E	使用大写的科学计数法	printf("%E",2")=> 2.000000E+0
%u	不包含正、负号的十进制数	printf("%d",-2")=> 4294967294
%f	浮点数（本地设置）	printf("%f",2")=> 2.000000
%F	浮点数（非本地设置）	printf("%F",2")=> 2.000000
%g	较短的 %e 和 %f	printf("%g",2.5546775)=> 2.55468
%G	较短的 %E 和 %f	printf("%g",2.5546775)=> 2.55468
%o	八进制数	printf("%o",9)=>11
%s	字符串	printf("%o",'9')=>'9'
%x	十六进制数（小写字母）	printf("%x",11)=>b
%X	十六进制数（大写字母）	printf("%X",11)=>B

此外还有附加的格式符，放置在 % 和格式字母之间，附加的格式符及含义如下：

- +-：在数字前面加上 + 或 - 定义数字的正负性。默认只标记负数，不标记正数。
- '：规定使用什么字符作为填充，默认是空格。它必须与宽度指定器一起使用。
- [0~9]：规定变量值的最小宽度。
- .[0~9]：规定小数位数或最大字符串长度。

printf( )函数中的参数是按序对应的。在第一个%处，插入 str1；在第二个%处，插入 str2，依次类推，如例 6-3。

如果%多于 str 参数，必须使用占位符。占位符被插入到%之后，由数字和\$组成。

【例 6-4】占位符的使用。

```
<?php
    $num= 123;
    printf("两位小数格式：%1\$.2f<br>整数格式：%1\$u",$num);
?>
```

例 6-4 程序中，一共有两个替换标记%，但只有一个代入参数$num，因此%后面用了 1\$，表示替换第一个代入参数。第一个替换标记%后面的 .2f 表示两位小数位的浮点型格式，第二个替换标记%后面的 u 表示不含正负号的十进制数格式。例 6-4 程序运行结果如图 6-3 所示。

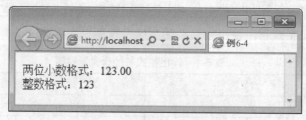

图 6-3　例 6-4 程序运行结果

如果有多个代入参数且代入参数的数量与%的数量不一致，即在%后用 n\$指定该处替换第 n 个代入参数。

【例 6-5】指定要替换的代入参数。

```
<?php
    $A=92;
    $B=23.12;
    printf("变量 A 两位小数格式：%1\$.2f<br>变量 B 整数格式：%2\$u<br>变量 A 整数格式:%1\$u",$A,$B);
?>
```

例 6-5 程序运行结果如图 6-4 所示。

图 6-4　例 6-5 程序运行结果

使用 printf( )函数输出一个字符串时，允许用户定义输出字符串的宽度（所占的位置空间），如果字符串本身的长度不足，可以由用户定义一个字符来补足（如果不指定，默认使用空格补足）。

用户自定义字符补足长度的语法格式如下：

printf(%['padding_characters][width][.precision]type,$str)

[padding_characters]表示当$str 中的字符串长度没有[width]值大时，用来占位的字符，[.precision]表示$str 内容所占的长度，type 表示输出类型。

【例 6-6】占位符的使用。

```
<pre> <!--显示空格-->
<?php
    $A="我是中国人";
    echo "变量 A 的长度是".strlen($A)."<br>";
    printf("%10s<br>",$A);
    printf("%14s<br>",$A);        //用空格补位
    printf("%'*14s<br>",$A);      //用*补位
    printf("%'*14.8s<br>",$A);    //输出 14 位，字符串本身占 8 位
?>
</pre>
```

例 6-6 程序运行结果如图 6-5 所示。

图 6-5　例 6-6 程序运行结果

> ⚠ **注意:**
> 若需要在网页中显示空格，必须使用<pre></pre>标签，否则空格不生效。printf( )函数的返回值是所输出的字符串的长度。见以下示例。

```php
<?php
    $A="Hello!";
    $B=printf("%'*14s",$A);//$B 的值等于 14
?>
```

6.2 常用字符串操作函数

6.2.1 字符串长度函数

使用 strlen( )函数可以方便地得到字符串的长度。strlen( )函数的语法格式如下：

strlen(string|$str)

string 表示字符串本身，$str 表示字符串变量。

PHP 利用该函数计算中文字符串的长度时，与程序文档所采用的编码字符集有关。在 UTF-8 编码中，每个汉字的长度为 3 个字符，在 GB2312 编码中，每个汉字的长度为 2 个字符。空格都是 1 个字符。

【例 6-7】采用 GB2312 编码字符集。

```php
<meta http-equiv="Content-Type" content="text/html; charset=GB2312" />
<title>例 6-7</title>
<?php
    $A="Hello";
    $B="我是中国人";
    echo "变量 A 的长度是".strlen($A)."<br>";    //输出 5
    echo "变量 B 的长度是".strlen($B);           //输出 10
?>
```

例 6-7 程序运行结果如图 6-6 所示。

图 6-6 例 6-7 程序运行结果

【例 6-8】采用 UTF-8 编码字符集。

```
<meta http-equiv="Content-Type" content="text/html; charset=UTF-8" />
<title>例 6-8</title>
```

```php
<?php
    $A="Hello";
    $B="我是中国人";
    echo "变量 A 的长度是".strlen($A)."<br>"; //输出 5
    echo "变量 B 的长度是".strlen($B);       //输出 10
?>
```

例 6-8 程序运行结果如图 6-7 所示。

图 6-7　例 6-8 程序运行结果

从例 6-7 与 6-8 的对比可以看出，英文字符的长度与程序文档的编码字符集无关，而中文字符在不同编码字符集中，每个字符所占的长度不同。

注意：

通过 HTML 的<meta charset=UTF-8" />语句，指定文档的编码类型。

6.2.2　字符串截取函数

substr( )函数用于截取字符串，其语法格式如下：

| substr(string | $string,s_index,length) |

参数列表中：

string|$string 表示要处理的字符串或字符串变量；

s_index 表示从字符串的哪个位置开始截取，该参数如果为 0，表示从字符串的第 1 个字符开始截取；如果是正数，即从相应字符处开始截取；如果是负数，即从字符串最后开始倒退到指定位置处开始截取。

length 表示截取的字符串的长度。如果是正数，表示从 s_index 处开始向字符串尾部截取相应的字符数；如果是负数，表示从字符串结束处向 s_index 处舍弃相应的字符数。注意：1个中文字符（包括中文标点符号）的长度是 2 个字符或 3 个字符。

【例 6-9】GB2312 编码的字符串截取。

```
<meta http-equiv="Content-Type" content="text/html; charset=GB2312" />
<title>例 6-9</title>
<?php
    $A="床前明月光，疑是地上霜";
    $A1=substr($A,0,8);
    $A2=substr($A,4,8);
    $A3=substr($A,-6,6);
    $A4=substr($A,4,-6);
```

```
        echo $A1."<br>";
        echo $A2."<br>";
        echo $A3."<br>";
        echo $A4;
    ?>
```

例 6-9 程序中，$A1 从第 0 个字符开始向右截取 8 个长度的字符；$A2 从第 4 个字符开始，向右截取 8 个长度的字符；$A3 从倒数第 6 个字符开始，向右截取 6 个长度的字符；$A4 从第 4 个字符开始截取至倒数第 6 个字符。

例 6-9 程序运行结果如图 6-8 所示。

图 6-8　例 6-9 程序运行结果

【例 6-10】利用 substr( )函数，根据学生的学号，自动识别其所属的系、年级、专业。假定正确学号的编码格式是一个 8 位字符、由英文字母与数字组成的字符串，如 C14F2301，其中第 1 个字符 C 表示学历层次，第 2、3 个字符 14 表示年级，第 4 个字符 F 表示所属院系，第 5、6 个字符 23 表示班级编号，第 7、8 个字符 01 表示学生编号。

例 6-10 程序运行结果如图 6-9 所示。例 6-10 完整程序可通过扫描本书封面二维码下载。

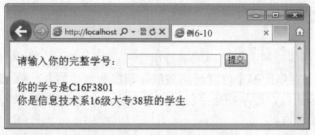

图 6-9　例 6-10 程序运行结果

6.2.3　字符串剪裁函数

PHP 的字符串剪裁函数用于删除字符串中指定的字符，一共有三种：trim( )、ltrim( )与 rtrim( )，分别用于删除字符左右两边、左边、右边的指定字符。其语法格式如下：

```
trim(string|$string,[character])
ltrim(string|$string,[character])
rtrim(string|$string,[character])
```

其中，［character］属于可选参数，表示要删除的字符，若不指定，默认删除 string 中的空格。

【例 6-11】 字符串剪裁函数的使用。

```
<pre>
<?php
    $A=" 2016-05-12 ";
    $A1=trim($A);
    $A2=ltrim($A);
    $A3=rtrim($A);
    $A4=trim($A1,"2");
    echo $A."<br>";
    echo $A1."<br>";
    echo $A2."<br>";
    echo $A3."<br>";
    echo $A4;
?>
</pre>
```

例 6-11 程序运行结果如图 6-10 所示。

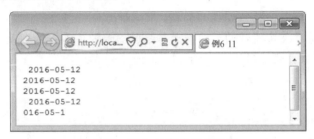

图 6-10　例 6-11 程序运行结果

6.2.4　字符串替换函数

字符串剪裁函数只能去掉字符串左右两边的指定字符，若需要去掉字符串中间的指定字符，剪裁函数就无能为力了，这时可以使用字符串替换函数。PHP 中的字符串替换函数有两个：str_replace( )与 substr_replace( )。

1. str_replace( )函数

str_replace( )函数的用途是将字符串中的某些字符或字符串替换为其他的字符串。其语法格式如下：

```
str_replace("replace_str","by_str","source_str",[counter])
```

其中，replace_str 是 source_str 中需要替换为 by_str 的内容，可选参数 counter 是一个变量，用于保存在该次替换操作中，一共有几处被替换。

str_replace( )函数返回内容是被替换以后的字符串。

【例 6-12】 使用 str_replace( )函数替换所有的空格。

```
<pre>
<?php
    $A="hello!my name is Rose";
    $A1=str_replace(" ","",$A,$i);        //替换所有的空格
```

```
        echo $A."<br>";
        echo $A1."<br>";
        echo "一共有".$i."个空格被替换";
    ?>
    </pre>
```

例6-12 程序的 str_replace(" ","",$A,$i)语句，实现将$A中全部的空格，替换为空字符。
例6-12 程序运行结果如图6-11 所示。

图6-11　例6-12 程序运行结果

注意：

str_replace( )函数对英文字母的大小写是敏感的。如果不需要区别英文字母的大小写，可以用 str_ireplace( )函数，它的用法与 str_replace( )一样，只是对英文字母的大小写不敏感。见以下示例。

```
<?php
    $A="When I was a worker";
    echo str_replace("w","",$A);      //输出"When I as a orker"
    echo str_ireplace("w","",$A);     //输出"hen I as a orker"
?>
```

【例6-13】str_replace( )函数允许对数组元素进行替换。

```
<?php
    $A=array("浅红","红","深红","暗红");
    $B=str_replace("红","绿",$A);     //将数组A元素中的"红"替换为"绿"
    foreach($B as $k)
        echo $k."、";
?>
```

例6-13 程序运行结果如图6-12 所示。

图6-12　例6-13 程序运行结果

str_replace( )函数还可以利用数组元素，一次性对字符串中多个不同的字符同时进行替换。

【例6-14】str_replace( )函数利用数组元素进行字符替换。

```php
<?php
    $A="HuiZhou City College";
    $B=array("o","C","u");
    echo str_replace($B,"*",$A); //将变量 A 中的 o,C,u 换为*号
?>
```

例 6-14 程序运行结果如图 6-13 所示。

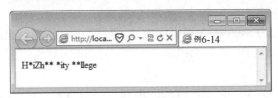

图 6-13　例 6-14 程序运行结果

【例 6-15】利用 str_replace( ) 函数一次性将字符串中多种不同类型的内容，同时替换为不同的内容。

```php
<?php
    $A="God Had to Be Fair";
    $B=array("o","e"," ");
    $C=array("a","a","-");
    echo str_replace($B,$C,$A); //将变量 A 中的 o,C,空格分别对应替换为$C 中的元素
?>
```

例 6-15 程序运行结果如图 6-14 所示。

图 6-14　例 6-15 程序运行结果

 注意：

使用数组元素进行字符串替换操作时，目标数组的元素不能少于替换数组的元素，否则，PHP 将根据目标数组的元素数量，按替换数组元素的顺序，寻找原字符串与替换数组元素中第 1 对匹配的字符串，并替换为目标数组的第 1 个元素，依次类推，目标数组的元素使用以后，与替换数组其他元素匹配的字符串，将全部被删除。见例 6-16。

【例 6-16】利用数组进行字符串替换。

```php
<?php
    $str="HuiZhou City College";
    $B=array("o","e","u");
    $C=array("A");
    echo str_replace($B,$C,$str);
    echo "<br>";
    $D=array("A","B");
```

```
            echo str_replace($B,$D,$str);
            echo "<br>";
            $E=array("k","e","u");
            echo str_replace($E,$D,$str);
        ?>
```

对于 str_replace($B,$C,$str)语句，因为$C 数组只有一个元素，因此只在$str 中找出第一对与$B 中的元素匹配的字符串"o"，替换为$C 的元素"A"。

对于 str_replace($B,$D,$str)语句，因为$D 数组有两个元素，因此在$str 中找出两对分别与$B 中的前两个元素匹配的字符串"o"与"e"，分别替换为"A"与"B"，而与"u"匹配的字符串，则被删除。

对于 str_replace($E,$D,$str)语句，在$str 中找出两对分别与$E 中的前两个元素匹配的字符串"k"与"e"，并分别替换为$D 的元素"A"与"B"，由于$str 中没有"k"，因此只能把"e"替换为"B"，而与$E 的元素"u"匹配的字符串，则被删除。

例 6-16 程序运行结果如图 6-15 所示。

图 6-15　例 6-16 程序运行结果

2. substr_replace( )函数

substr_replace( )函数用于将指定范围内的字符串替换为另外的字符串。其语法格式如下：

```
substr_replace(source_string,by_string,start_index,[length])
```

其中，source_string 表示原始的字符串内容或字符串变量；

by_string 表示要替换的目标字符串；

start_index 表示从字符串的哪个位置开始替换，默认值是从首字符开始，如果是负数 n，即从字符串的尾部倒数第 n 个字符开始；

[length]是可选参数，表示参与替换操作的长度，默认是整个原始字符串的长度，0 表示目标字符被插入到原始字符串前面。

【例 6-17】使用 substr_replace( )函数替换字符。

```
<?php
    $A="Hello!my name is Rose.";
    $A1=substr_replace($A,"",6,3);                          //从第 6 个字符开始，替换 3 个字符
    $A2=substr_replace($A,"My",6,2);                        //从第 6 个字符开始，替换 2 个字符
    $A3=substr_replace($A,"Rose:",0,0);                     //在最左边插入"Rose:"
    $A4=substr_replace($A,"Nice to meet you!",strlen($A),0); //在最右边插入字符
    echo $A."<br>";
    echo $A1."<br>";
    echo $A2."<br>";
    echo $A3."<br>";
```

```
        echo $A4."<br>";
?>
```

例 6-17 程序运行结果如图 6-16 所示。

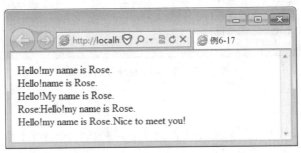

图 6-16 例 6-17 程序运行结果

 注意：

substr_replace( )函数也可以借助数组进行替换操作，具体可参考 str_replace( )函数。

6.2.5 字符串查找函数

PHP 中关于字符串的查找、匹配或者定位的函数很多，我们以 strstr( )与 strpos( )两个函数为例，介绍这类函数的用法与用途。

1. strstr( )函数

strstr( )函数用于搜索某个字符串在原字符串中首次出位的位置 n，函数的返回值是原字符串中第 n 位以后的内容。其语法格式如下：

| strstr(source_string,search_string,[before_search]) |

其中，source_string 是必填参数，表示查找操作的原字符串；

search_string 是必填参数，指要查找的内容字符串；

before_search 是可选参数，布尔型，默认为 false，表示函数返回的是 search_string 的内容出现点 n 以后的字符串（包括第 n 个字符），如果设为 true，函数将返回出现点以前的字符串。如果找不到 search_string 中的内容，函数返回 false。

【例 6-18】使用 strstr( )函数进行字符串切割。

```
<?php
    $A="先天下之忧而忧，后天下之乐而乐";
    $A1=strstr($A,"后"); //A1 的值是"后天下之乐而乐"
    $A2=strstr($A,"，",true);//A2 的值是"先天下之忧而忧"
    echo $A."<br>";
    echo $A1."<br>";
    echo $A2."<br>";
?>
```

例 6-18 程序运行结果如图 6-17 所示。

图 6-17 例 6-18 程序运行结果

 注意：

strstr( )函数对英文的大小写是敏感的，如果不需要区分大小写字母，可以使用 stristr( )函数，其用法格式与 strstr( )完全一样。

2. strpos( )函数

strpos( )函数用于查找某个字符串在另一字符串中第一次出现的位置，其返回值是一个整数，若找不到该字符串，返回 false。其语法格式如下：

```
strpos(source_string，search_string，[start_index])
```

其中，source_string 是必填参数，表示查找操作所在的原字符串；

search_string 是必填参数，指定要查找的字符串；

start_index 是可选参数，表示从原字符串第几个字符开始查找，默认值是 0，即从首字符开始查找。

【例 6-19】利用 strpos( )函数进行字符串查找。

```
<?php
    $A="This is a PHP program";
    $A1=strpos($A,"is");      //A1 的值是 2
    $A2=strpos($A,"is",7);    //A2 的值是空
    echo $A.'<br>';
    echo 'is 首次出现的位置是'.$A1.'<br>';
    if($A2)
         echo '第 7 个字符以后 is 再出现的位置是：'.$A2;
?>
```

例 6-19 程序中$A 的内容，第 7 个字符以后，再没有"is"出现，因此$A2 的值是 false。例 6-19 程序运行结果如图 6-18 所示。

图 6-18 例 6-19 程序运行结果

注意：

strpos( )函数对英文字母大小写敏感，如果不需要区分大小写查找，可以用 stripos( )函数。其语法格式、参数含义与 strpos( )函数完全一样，只是对英文字母大小写格式不敏感。

6.2.6 字符与 ASCII 码转换函数

字符串与 ASCII 码之间互相转换的函数有 ord( )与 chr( )两个，分别用于将字符转为 ASCII 码及将 ASCII 码转为字符。

1. ord( )函数

ord( )函数用于将字符转为其对应的 ASCII 码。其语法格式如下：

```
ord(character)
```

其中，character 表示要转换的字符，如果 character 中含有多个字符，函数只返回第一个字符的 ASCII 码。

【例 6-20】将字符串转换为 ASCII 码。

```php
<?php
    $A="G";
    $B="Good";
    echo ord($A)."<br>"; //输出 71
    echo ord($B);       //输出 71
?>
```

2. chr( )函数

chr( )函数用于将 ASCII 码转换为对应的字符。其语法格式如下：

```
chr(ASCII 码值)
```

其中，ASCII 码值可以是十进制、八进制或十六进制。如果使用八进制数值，要以数字"0"开头，十六进制以数字+英文字母"0x"开头。

【例 6-21】将 ASCII 码转换为字符。

```php
<?php
    echo chr(65)."<br>"; //输出 A
    echo chr(065)."<br>"; //输出 5
    echo chr(0x65); //输出 e
?>
```

例 6-21 中，65 是字符 A 的 ASCII 码值。八进制数 65 相当于十进制的 53，是数字 5 对应的 ASCII 码值。十六进制数 65 相当于十进制的 101，是 e 对应的 ASCII 码值。

6.2.7 字符串比较函数

字符串比较函数用于对比两个字符串之间的大小关系。这类函数有 strcmp( )与 strncmp( )。

1. strcmp( )函数

strcmp( )函数用于对比两个字符串之间的大小关系，其语法格式如下：

```
strcmp(str_1, str_2)
```

如果 str_1 大于 str_2，函数返回 1；如果两个字符串相等，函数返回 0；如果 str_1 小于 str_2，函数返回-1。

函数在进行比较运算时遵循以下法则：

（1）按字符串中各个字符的 ASCII 码值的大小比较；
（2）对两个字符串中的字符，逐个比较，例如，"abc" > "aac"；
（3）区分英文字母的大小写，例如，"A" < "a"；
（4）采用 GB2312 编码的中文字符，按每个字符的拼音进行比较。

【例 6-22】使用 strcmp( )函数进行字符串比较。

```php
<?php
    echo strcmp("hello","hello")."<br>"; //输出 0
    echo strcmp("hello","hEllo")."<br>"; //输出 1
    echo strcmp("hello","hello!")."<br>"; //输出-1
    echo strcmp("hello!","hello"); //输出 1
?>
```

如果不需要区分英文的大小写，可以用 strcasecmp( )函数。其用法与 strcmp( )函数是一样的，只是对大小写不区分。

2. strncmp( )函数

strncmp( )函数的用法与 strcmp( )很相似，只是 strncmp( )函数可以指定截取字符串中的一部分进行比较，而 strcmp( )是对整个字符串进行比较。strncmp( )的语法格式如下：

```
strncmp(str_1, str_2, cmp_length)
```

其中，参数 str_1 与 str_2 表示参与比较的两个字符串，cmp_length 是一个整数，指定两个字符串参与比较的字符个数。这三个参数都是必填参数。

【例 6-23】使用 strncmp( )函数比较字符串大小。

```php
<?php
    $A="hello!My name is Jack.";
    $B="hello!my name is Jack.";
    echo strncmp($A,$B,6)."<br>"; //输出 0
    echo strncmp($A,$B,8);         //输出-1
?>
```

 注意：

strncmp( )函数区分英文字母的大小写，若不需要区分大小写进行比较，应当使用 strncasecmp( )函数。

6.2.8 字符串加密函数

PHP 为用户提供非常方便的字符加密功能。利用 crypt( )函数与 md5( )函数，能方便地实现对字符串的加密。

1. crypt( )函数

crypt( )函数可以根据运行系统的不同，以及其参数的格式与长度，采用 DES、Blowfish 或 MD5 等不同加密算法中的一种，对参数中的字符串进行加密，并返回加密以后的字符串。其语法格式如下：

```
crypt(string，[salt])
```

其中，string 是必填参数，用于指定需要加密的字符串；

salt（盐值）是选填参数，用于增加被加密字符数目的字符串，以使编码更加安全。如果未填写该参数，则每次调用该函数时 PHP 会随机生成一个。

【例 6-24】使用 crypt( )函数加密字符串。

```
<?php
    $A="admin";
    echo crypt($A)."<br>";    //此处每次输出的结果不一样
    echo crypt($A,3)."<br>";
    echo crypt($A,"my");
?>
```

例 6-24 程序运行结果如图 6-19 所示。

图 6-19　例 6-24 程序运行结果

2. md5( )函数

md5( )函数用于实现对字符串进行 MD5 算法的加密。其语法格式如下：

```
md5(string，[format])
```

其中， string 是必填参数，用于指定需要加密的字符串；

format 是可选参数，其值是 true 或 false。true 表示每个字符加密后是一个 16 位的二进制格式的字符串，false 表示每个字符加密后是一个 32 位的十六进制格式的字符串。不填默认值是 false。

【例 6-25】使用 md5( )函数加密字符串。

```
<?php
    $A="admin";
    echo md5($A)."<br>";        //32 位十六进制格式
    echo md5($A,true);          //16 位二进制格式
?>
```

例 6-25 程序运行结果如图 6-20 所示。

图 6-20　例 6-25 程序运行结果

在实际开发中，md5( )函数常用于加密用户密码。

【例 6-26】将用户设置的密码进行 MD5 加密后输出。

```
<form id="form1" name="form1" method="post" action="">
  密码：
  <input type="text" name="pw" id="pw" />
  <input type="submit" name="button" id="button" value="提交" />
</form>
<?php
    if(isset($_POST['button']))
    {
        $MM=$_POST['pw'];           //获取原始密码
        $md5_MM=md5($MM);           //加密后的密码
        echo "原始密码是：".$MM."<br>";
        echo "加密密码是：".$md5_MM;
    }
?>
```

例 6-26 程序运行结果如图 6-21 所示。

图 6-21　例 6-26 程序运行结果

6.2.9　字符串转换数组

字符串与数组之间，可以通过 explode( ) 与 implode( ) 两个函数互相转换。

1. explode( )函数

explode( )函数用于将一个字符串以某个字符为分割符，分割成几部分，每部分作为数组的一个元素值。

explode( )函数的语法格式如下：

explode(c_break，string，[item_num])

其中：c_break 是必填参数，用于指定分割字符串的字符；

string 是必填参数，指定被分割的字符串内容；

item_num 是可选参数，用于指定数组元素的最大数量，该参数的值 N，有以下几种可能（假设字符串分割后有 M 段）：

- 未填，返回一个 M 个元素的数组；
- M>N>0：返回一个含有 N 个元素的数组，最后一个元素将包括字符串所有的剩余部分；
- N>M：返回 M 个元素的数组；
- N=0：返回 1 个元素的数组，元素的值是 string 值的本身；
- N<0：返回包含 M-|N|个元素的数组，元素的值分别是 string 值前面 M-N 段的内容。

【例 6-27】使用 explode( )函数分割字符串。

```
<?php
    $A="My name is Jack";
    $arr=explode(" ",$A);
    $arr2=explode(" ",$A,0);
    $arr3=explode(" ",$A,2);
    $arr4=explode(" ",$A,6);
    $arr5=explode(" ",$A,-2);
    echo "字符串被分割成".sizeof($arr)."部分：<br>";
    print_r($arr);
    echo "<br>";
    echo "字符串被分割成".sizeof($arr2)."部分：<br>";
    print_r($arr2);
    echo "<br>";
    echo "字符串被分割成".sizeof($arr3)."部分：<br>";
    print_r($arr3);
    echo "<br>";
    echo "字符串被分割成".sizeof($arr4)."部分：<br>";
    print_r($arr4);
    echo "<br>";
    echo "字符串被分割成".sizeof($arr5)."部分：<br>";
    print_r($arr5);
?>
```

例 6-27 程序运行结果如图 6-22 所示。

图 6-22　例 6-27 程序运行结果

2. implode( )

implode( )函数用于将一个数组中各个元素的值合并连接成一个字符串。

implode( )函数的语法格式如下:

```
implode([connect_c], array)
```

其中,connect_c 为选填参数,表示合并数组各元素时,使用什么字符连接这些元素的内容,如果不填,默认使用空字符串;

array 是必填参数,指定要合并的数组。

【例 6-28】使用 implode( )函数连接数组元素。

```php
<?php
    $A=array("My","name","is","Tom");
    echo implode($A)."<br>";      //直接连接 A 中各元素
    echo implode("#",$A);         //用#连接 A 中各元素
?>
```

例 6-28 程序运行结果如图 6-23 所示。

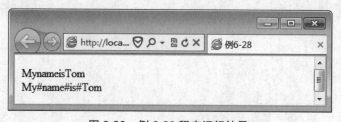

图 6-23 例 6-28 程序运行结果

思考与练习

一、单项选择题

1. 若$n=2.3,以下语句,能够输出"2.300"的是( )。

A. printf("%3f",$n);   B. printf("%.3f",$n);   C. printf("%5f",$n);   D. printf("%.5f",$n);

2. $A="good morning"; $B=substr($A,5,3). "e";$B 的值是( )。

A. "moe"   B. "od more"   C. "more"   D. "d more"

3. $A="中国人也可以说 NO"; strlen($A)的结果是( )(UTF8 编码)。

A. 9   B. 16   C. 23   D. 18

4. strpos("That"s a book","t")的结果是( )。

A. 0   B. 1   C. 3   D. 4

5. $A="Welcome to PHP study";explode($A," ",3)的结果是( )。

A. array("Welcome","to","PHP","study")   B. array("Welcome","to","PHP")
C. array("Welcome","to","PHP study")   D. array("Welcome to","PHP","study")

二、填空题

1. $A="I am a college student";

$B=strpos($A,"s");
substr($A,$B,7)的值是_____。

2. $A=array("Hello","world");
$B=implode($A);
$C=strcmp($B,"hello world");
$B 的值是_____，$C 的值是_____。

3. $A="This is a book";
$B=array("c","o");
$C=array("e");
str_replace($B,$C,$A)的结果是_____。

4. 已知字符"A"的 ASCII 值是 65，
$A=ord("A")+2;$B=ord("A")+32;
$C=$A|$B; 则 chr($C)的值是_____。

5. $A="A heaven in a wild flower";
$B="A heaven is in your heart";
strncmp($A,$B,9)的结果是_____。

三、应用练习

1. 请设计一个密码确认程序，密码确认程序运行界面如图 6-24、6-25、6-26 所示，如果两次输入的密码一致，则显示验证通过，否则显示验证不通过。

图 6-24　密码确认程序运行界面 1

图 6-25　密码确认程序运行界面 2　　图 6-26　密码确认程序运行界面 3

2. 请设计用户注册信息检查程序，要求提交的信息包括：用户名、密码、手机号码。验证信息时，所有信息项都不能为空值，用户名不能以数字开头，密码的长度不能少于 6 位，手机号码必须是 11 位符合中国地区手机号码规范的数字。如果不符合以上要求，显示错误，如果完全符合以上要求，输出用户提交的信息。用户注册信息检查程序运行界面如图 6-27、

6-28、6-29 所示。

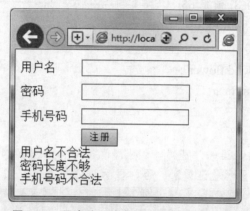

图 6-27　用户注册信息检查程序运行界面 1

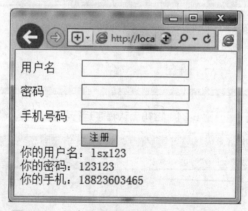

图 6-28　用户注册信息检查程序运行界面 2

图 6-29　用户注册信息检查程序运行界面 3

第 7 章 数组

数组是一组具有共同特性的数据的集合,它们既是一个可操作的整体,数据之间又有相对的独立性。在 PHP 中,数组既是一种数据类型,也是一种数据的组织与处理手段。数组有一维数组、二维数组、多维数组。

7.1 数组的结构

数组中的每个数据称为数组的一个元素,每个元素都由两部分组成:元素名与元素值。其中,元素名称为"键名",元素值称为"键值"。数组元素的键名由程序员自定义。

【例 7-1】带键名的数组。

```
<?php
$A=array("a"=>3,"b"=>5, "c"=>7, "d"=>9);
?>
```

其中,"a"、"b"、"c"、"d"是键名,3、5、7、9 是键值。要访问数组中的某个元素,使用键名进行访问,如$A['a']。

数组的元素也可不定义键名,PHP 默认使用索引号作为键名。

【例 7-2】不带键名的数组。

```
<?php
    $A=array(3, 5, 7, 9);
?>
```

上例的数组中,元素没有键名,其键名分别是"0"、"1"、"2"、"3",对应的值分别是 3、5、7、9。对没有自定义键名的数组,通过元素的索引号对该元素进行访问,如$A[0]。

也可以给某些元素定义键名,另外的元素采用默认键名。

【例 7-3】混合型数组。

```
<?php
    $A=array("a"=>3,5,7,"b"=>9);
?>
```

数组$A 中,4 个元素的键名分别是"a"、"0"、"1"、"b"。

对于采用默认键名的数组,每个元素在数组中的索引号,也称为该元素的下标,数组的下标默认从 0 开始。可以通过数组的下标对数组进行操作。数组的下标,可以通过变量指定。

【例 7-4】通过数组元素的下标输出元素的值。

```
<?php
    $A=array(3,5,7,9);
    for($i=0;$i<=3;$i++)
        echo $A[$i].",";
?>
```

例 7-4 程序运行结果如图 7-1 所示,输出 3,5,7,9。

图 7-1 例 7-4 程序运行结果

7.2 数组的定义

7.2.1 一维数组的定义

定义一个一维数组的方法有多种,比较常用的是使 array( )函数定义、赋值定义及 range( )函数定义。

1. array( )函数定义数组

array( )函数的语法格式如下:

$数组名=array(key1=>value1, key 2=> value 2,…,key N=> value N)

或

$数组名=array(value 1, value 2, value 3,…,value N)

其中,key1,key2…表示键名,value1,value2…表示键值。

也可以在定义数组时不对数组进行初始化,即只定义一个空数组,而不指定各个元素的键名与键值,待后续程序根据需要再给各个元素赋值:

$数组名=array( )

【例 7-5】给空数组增加元素并赋值。

```
<?php
    $A=array( ); //定义一个空数组
    //给数组元素赋值
    for($i=0;$i<=12;$i++)
        $A[$i]=$i;
```

```
    //输出数组
    foreach($A as $b)
        echo $b."、";
?>
```

例 7-5 程序运行结果如图 7-2 所示。

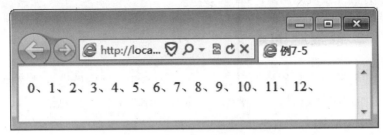

图 7-2　例 7-5 程序运行结果

2. 赋值定义数组

这种作法，相当于"隐式定义"——未定义先使用。通过直接给一个数组的各个元素赋值，使其成为一个数组。

【例 7-6】定义一个长度为 4 的数组。

```
<?php
    //直接以数组元素的方式赋值
    for($i=0;$i<=3;$i++)
        $A[$i]=$i*2+1;
    //输出数组$A
    foreach($A as $b)
        echo $b.",";
?>
```

例 7-6 程序中，并没有数组$A 的声明语句，通过循环结构直接给数组元素赋值。这种情况下，PHP 也会自动将$A 定义为数组。例 7-6 程序运行结果如图 7-3 所示。

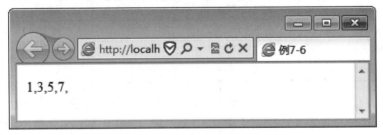

图 7-3　例 7-6 程序运行结果

3. range( )函数定义数组

若一个数组的所有元素的值，都明确在某一范围内，可以使用 range( )函数来定义一个指定范围的数组。其语法格式如下：

```
$数组名=range(s_value, e_value, [step])
```

其中，s_value 为数组第 0 个元素的值，e_value 为数组最后一个元素的值，[step]是可选参数，表示各元素值之间的差值，如果未指定，默认为1。

例如，$A=range(1,5)表示数组 A 的第 0 个元素值为 1，最后一个元素值为 5，每个元素值之间，步长为 1，因此$A 各元素的值分别是 1，2，3，4，5。

$B=range(1,5,2)表示数组 B 的第 0 个元素值是 1，最后一个元素值是 5，两个元素的值之间差 2，即数组 B 的元素值分别是：1，3，5。

7.2.2 二维数组的定义

二维数组也是程序中常见的数组形式。与一维数组相比，它能够存储更加丰富的数据，并且能够组织更加丰富的数据属性。例如，存储一个学生的信息，包括学号、姓名、性别、专业，用一维数组就足够。

但如果要统一管理多个学生的信息，就需要使用多个一维数组，这样不利于数据的组织管理。此时使用二维数组更加合适。

PHP 的二维数组实质上就是把多个一维数组作为另一个数组的元素值。定义二维数组的语法格式如下：

```
$array_2d=array($array_1, $array_2, ……$array_N)
```

【例 7-7】学生信息数组可以定义如下。

```php
<?php
    $student_1=array("C15F3601","张明","男","软件技术");
    $student_2=array("C15F3602","李英","女","软件技术");
    $student_3=array("C15F3603","王强","男","软件技术");
    $student_4=array("C15F3604","赵红","女","软件技术");
    $student=array($student_1,$student_2,$student_3,$student_4);
?>
```

也可以把二维数组$student 看成一个矩阵或一张二维数据表如下：

		0	1	2	3
0	student_info1	"C15F3601"	"张明"	"男"	"软件技术"
1	student_info2	"C15F3602"	"李英"	"女"	"软件技术"
2	student_info3	"C15F3603"	"王强"	"男"	"软件技术"
3	student_info4	"C15F3604"	"赵红"	"女"	"软件技术"

如果将二维数组$student 理解成一个 4 行 4 列的表格，那么在操作这个数组中的某个元素时，就可以通过行号与列号来定位该元素（未指定键名的情况下），而行号与列号，共同组成了二维数组的下标。

其语法格式如下：

```
$array_2d[row_index][col_index]
```

【例 7-8】通过数组下标，输出$student 中各个元素的值。

```php
<?php
    $student_1=array("C15F3601","张明","男","软件技术");
    $student_2=array("C15F3602","李英","女","软件技术");
```

```
        $student_3=array("C15F3603","王强","男","软件技术");
        $student_4=array("C15F3604","赵红","女","软件技术");
        $student=array($student_1,$student_2,$student_3,$student_4);
        for($i=0;$i<=3;$i++)
            {
                for($j=0;$j<=3;$j++)
                    echo $student[$i][$j].',';
                echo "<br>";
            }
    ?>
```

例 7-8 程序运行结果如图 7-4 所示。

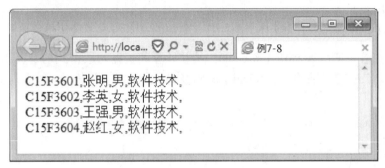

图 7-4 例 7-8 程序运行结果

 注意：

二维数组中，各元素数组，也可以定义键名，如$student=array("A"=>$student_1,"B"=>$student_2,"C"=>$student_3);

 7.3 数组的长度

数组中元素的个数，称为数组的长度。可以通过 count( )或 sizeof( )函数来获取数组的元素个数。其语法格式如下：

count($array_name)

或

sizeof($array_name)

【例 7-9】用两种不同的方法统计数组长度。

```
<?php
    $A=array(4,2,5,1,0,1);
    $B=array("a"=>12,"b"=>25,"c"=>33,"d"=>20);
    echo '数组 A 共有'.count($A).'个元素<br>';
    echo '数组 B 共有'.sizeof($B).'个元素';
?>
```

例 7-9 程序运行结果如图 7-5 所示。

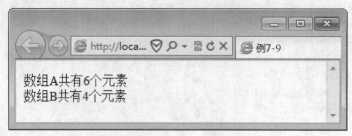

图 7-5　例 7-9 程序运行结果

 注意：

sizeof( )或 count( )函数，通常用于无法预计数组长度，而又需要使用其长度值的情况。

对于二维数组，使用 sizeof( )或 count( )函数计算其长度时，得到的是其第一维的元素个数。例如，例 7-7 中的二维数组$student，count($student)的结果是 4。

7.4　数组的删除

对数组的删除操作可以分为两种：删除整个数组与删除数组元素。

7.4.1　删除整个数组

删除整个数组的方法与释放一个变量的方法是一样的，使用 unset( )函数。语法格式如下：

```
unset($array_name)
```

【例 7-10】删除整个数组。

```
<?php
    $A=array(1,2,3);
    print_r($A);
    echo "<br>";
    unset($A);        //释放数组
    print_r($A);      //此句将出错
?>
```

使用 unset($A)语句以后，数组$A 已不存在，再执行 print_r($A)语句，程序将报错。例 7-10 程序运行结果如图 7-6 所示。

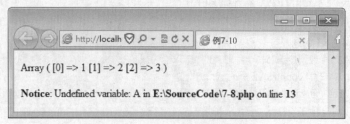

图 7-6　例 7-10 程序运行结果

7.4.2 删除数组元素

删除一个数组元素，也可以用 unset( )函数实现。语法格式如下：

```
unset($arr[index]|$arr[key]);
```

其中，$arr[index]是指使用数组的下标指定要删除的数组元素，$arr[key]是指使用键名指定要删除的数组元素。使用 unset( )函数删除数组元素后，被删除的数组下标或者键名，直接丢弃，PHP 不会对数组进行重新索引。

【例 7-11】删除数组中指定的元素。

```
<?php
    $A=array("a"=>1,"b"=>2,"c"=>3);
    $B=array("Guangdong","Beijing","Shanghai");
    unset($A["a"]);     //通过键名删除数组元素
    unset($B[1]);       //通过下标删除数组元素
    print_r($A);
    echo "<br>";
    print_r($B);
?>
```

例 7-11 程序删除数组$A 的"a"元素以后，$A 相当于 array("b"=>2,"c"=>3)，删除了数组$B 的"1"元素后，$B 相当于 array(0=>"guangdong",2=>"Shanghai")。例 7-11 程序运行结果如图 7-7 所示。

图 7-7　例 7-11 程序运行结果

 注意：

如果需要在删除某些数组元素以后，数组能够自动重新索引，可以使用 array_splice( )函数实现，并且该函数还可实现一次删除多个元素。其语法格式如下：

```
array_splice($array1,Offset,Length[,$array2])
```

其中，$array1 为数组名，必填参数，进行删除操作的数组名；

Offset 为删除位置偏移量，如果为正，则从第 Offset 个元素开始删除，如果为负，则从数组倒数第 Offset 个元素开始删除；

Length 为删除的长度（即删除的元素个数），必填参数；

$array2 为可选参数，如果具备，$array1 中被删除的元素将由此数组中的元素替代。如果$array1 没有删除任何值(length=0)，则$array2 数组中的元素将插入到$array1 中的 Offset 位置。如果未设置$array2 参数，则直接把$array1 中指定的元素删除。

执行该函数以后，$array1 中的元素将重新索引。

【例7-12】在数组中指定的位置，进行增删元素的操作。

```
<?php
    $A=array("Red","Green","blue","Yellow","White");
    $B=array("Black","Gray");
    array_splice($A,2,1);      //删除$A[2]，blue
    print_r($A);
    echo "<br>";
    array_splice($A,1,0,$B);//从$A 的[1]处开始插入$B;
    print_r($A);
?>
```

例 7-12 程序运行结果如图 7-8 所示。

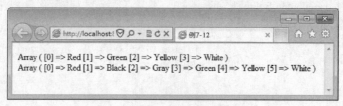

图 7-8　例 7-12 程序运行结果

 注意：

数组还可以通过出栈、入栈的方式，进行元素的删除、插入操作，详阅第 7.7 节。

7.4.3　删除重复的数组元素

一个数组中可能会存在多个相同键值的元素，如果需要将重复的元素删除，只保留一个，可以使用 array_unique( )函数。其语法格式如下：

array_unique($array)

其中$array 是指要删除重复元素的数组名。函数的返回结果，是一个已经剔除重复元素的新数组。需要强调的是，该函数只把剔除重复元素后的值作为一个新的数组返回，并不改变原数组的值，并且返回数组中的索引情况，与原数组的索引一致。

【例 7-13】删除数组中重复的元素。

```
<?php
    $A=array(1,1,2,3,4,2,5,6);
    $B=array_unique($A);        //删重后的数组赋予$B
    print_r($B);
    echo "<br>";
    print_r($A);
?>
```

例 7-13 程序运行结果如图 7-9 所示。由图 7-9 可见，数组$B 的各个元素的索引号，依然在数组$A 中一致，而数组$A 的值，并不因为 array_unique( )函数的操作而改变。

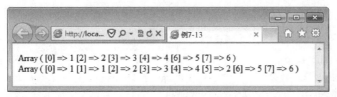

图 7-9　例 7-13 程序运行结果

 7.5　数组的遍历

对数组中的每个元素按顺序逐个访问一次，称为数组的"遍历"。对数组的遍历方法可以因访问数组元素的方法不同而改变。

7.5.1　数组的遍历方法

1. while 循环遍历

使用 while 循环实现对数组的遍历时，需结合 list( ) 与 each( ) 两个函数进行。

其中，list( ) 函数的作用是将数组元素的键名与键值赋给变量，each( ) 函数即返回数组中当前元素的键名与值，并将数组的指针指向下一个元素。

【例 7-14】使用 list( ) 与 each( ) 函数获取各个数组元素的键名与键值。

```
<?php
    $arr=array("a"=>1,"b"=>2,"c"=>3,"d"=>4,"e"=>5,"f"=>6);
    //将数组中各元素的键名赋给$key,值赋给$value
    while(list($key,$value)=each($arr))
        {
            echo "当前数组元素的键名是".$key;
            echo "，值是".$value."<br>";
        }
?>
```

当数组中所有元素都遍历以后，list($key,$value)=each($arr)这个赋值表达式则无法进行，循环条件即不成立。例 7-14 程序运行结果如图 7-10 所示。

图 7-10　例 7-14 程序运行结果

【例 7-15】如果是索引数组的话，还可以通过 count( ) 或 sizeof( ) 函数，结合 while 循环实现对数组的遍历。

```php
<?php
    $arr=array(1,2,3,4,5,6);
    $i=0;
    while($i<sizeof($arr))    //或者换为$k=count($arr)
        {
            echo "当前数组元素的键名是".key($arr);
            echo "，值是".$arr[$i]."<br>";
            $i++;
            next($arr);//将数组指针向前移
        }
?>
```

使用 while 循环与 sizeof( )函数实现数组遍历时，必须借助一个变化步长为 1 的变量来标志数组元素的下标值，通过下标来访问数组的各个元素。例 7-15 程序运行结果如图 7-11 所示。

图 7-11 例 7-15 程序运行结果

2. for 循环遍历

【例 7-16】如果是索引数组，也可以用 for 循环实现数组的遍历。

```php
<?php
    $arr=array(1,2,3,4,5,6);
    for($i=0;$i<count($arr);$i++)    //或者换为$i<sizeof($arr)
        {
            echo"当前数组元素的键名是".$i;
            echo"，值是".$arr[$i]."<br>";
        }
?>
```

3. foreach 遍历

foreach 语句是数组遍历的专用循环，因此，也是最好的数组遍历语句（具体详阅第 4.2 节循环结构）。

7.5.2 数组遍历的函数

在数组的遍历操作中，每次访问的元素称为当前元素，当前元素是由数组中的指针所在的位置决定的，指针当前所在的元素，就是当前元素。因此，通过移动指针的位置，即可访问不同的数组元素。

移动数组指针的函数有以下几个：

next( )函数用于将指针移到数组的下一个元素；

end( )函数将指针直接移到数组的最后一个元素；

reset( )函数将指针直接指向第一个元素。

移动数组指针的函数如图 7-12 所示。

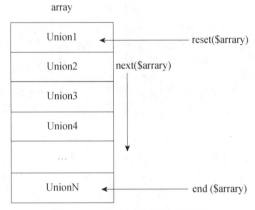

图 7-12　移动数组指针的函数

【例 7-17】利用函数移动指针，进行数组遍历。

```
<?php
    $arr=array(1,2,3,4,5,6);
    echo '$arr 的第一个元素是'.$arr[0].'<br>';    //输出 1
    //向前移动两次指针
    next($arr);
    next($arr);
    echo '$arr 的当前元素键名是'.key($arr);    //输出 2
    echo '值是'.$arr[key($arr)].'<br>';//输出 3
    end($arr);    //指针移到最后
    echo '$arr 的当前元素值是'.$arr[key($arr)];    //输出 6
?>
```

例 7-17 程序运行结果如图 7-13 所示。

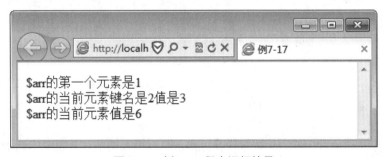

图 7-13　例 7-17 程序运行结果

7.5.3 二维数组的遍历

对于索引型的二维数组，可以直接通过$array[m][n]的形式，对数组进行遍历访问，对于关联型的二维数组，即使用 foreach 循环进行遍历或者通过 while 语句与 list( )函数结合进行。

例 7-7 的学生信息数组，若用关联型二维数组存储，分别用 foreach 与 while 循环实现遍历示例如下。

【例 7-18】用 foreach 循环遍历二维数组。

```
<?php
    $student_info1=array("xh"=>"C15F3601","xm"=>"张明","xb"=>"男","zy"=>"软件技术");
    $student_info2=array("xh"=>"C15F3602","xm"=>"李英","xb"=>"女","zy"=>"软件技术");
    $student_info3=array("xh"=>"C15F3603","xm"=>"王强","xb"=>"男","zy"=>"软件技术");
    $student_info4=array("xh"=>"C15F3604","xm"=>"赵红","xb"=>"女","zy"=>"软件技术");

$student=array("xs1"=>$student_info1,"xs2"=>$student_info2,"xs3"=>$student_info3,"xs4"=>$student_info4);
    //遍历输出学生信息
    foreach($student as $key=>$val)
        {
            echo $val['xh'].','.$val['xm'].','.$val['xb'].','.$val['zy'].'<br>';
        }
?>
```

【例 7-19】用 while 循环遍历二维数组。

```
<?php
    $student_info1=array("xh"=>"C15F3601","xm"=>"张明","xb"=>"男","zy"=>"软件技术");
    $student_info2=array("xh"=>"C15F3602","xm"=>"李英","xb"=>"女","zy"=>"软件技术");
    $student_info3=array("xh"=>"C15F3603","xm"=>"王强","xb"=>"男","zy"=>"软件技术");
    $student_info4=array("xh"=>"C15F3604","xm"=>"赵红","xb"=>"女","zy"=>"软件技术");

$student=array("xs1"=>$student_info1,"xs2"=>$student_info2,"xs3"=>$student_info3,"xs4"=>$student_info4);
    //遍历输出学生信息
    while(list($key,$value)=each($student))
    //上句循环条件中，$key 的值分别是 xs1,xs2,xs3,xs4，$value 的值分别是对应的数组
        {
            while(list($key_2,$val_2)=each($value))
            //上句分别将 xs1,xs2,xs3,xs4 数组中的各项值赋予$val_2
            {echo $val_2.",";};
            echo "<br>";
        }
?>
```

7.6 数组的排序

利用 PHP 中系统函数中的有关数组操作函数，可以很方便地对数组中的元素进行排序操作。

7.6.1 升序

对数组元素进行升序排序的函数有 sort( )、asort( )、ksort( )三种函数。

1．sort( )函数

sort( )函数语法格式如下：

sort($array,[sort_fleg])

⚠ 注意：

该函数运行后的返回值是一个布尔型，如果排序成功，返回 true，如果失败，返回 false。

其中，sort_fleg（排序标志）是一个整数型的可选参数，用来设置如何比较数组中的各项元素。它的值及含义如下。

- 0=SORT_REGULAR： 默认。把每项按常规顺序排列（Standard ASCII，不改变类型）。
- 1=SORT_NUMERIC：把每项作为数字处理。
- 2=SORT_STRING ：把每项作为字符串处理。
- 3=SORT_LOCALE_STRING：把每项作为字符串处理，并基于当前地理区域设置（具体参阅 Windows 系统的"区域与语言"）。

【例 7-20】对数组元素按字符串类型进行排序。

```php
<?php
    $arr1=array("a"=>1,"b"=>30,"c"=>2,"d"=>10);
    echo '$arr1 排序后如下:<br>';
    if(sort($arr1)) //标准排序$arr1
        {
            while(list($key,$val)=each($arr1))
                echo $key."=>".$val."、";
        }
    echo '<br>用 SORT_STRING 排序后如下：<br>';
    if(sort($arr1,2)) //按字符串排序
        {
            while(list($key,$val)=each($arr1))
                echo $key."=>".$val."、";
        }
?>
```

例 7-20 程序运行结果如图 7-14 所示。

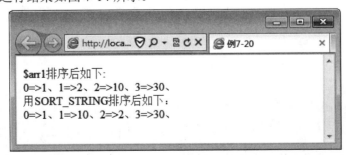

图 7-14 例 7-20 程序运行结果

从例 7-20 可以看出，使用 sort( )函数对数组中的元素进行升序排序时，PHP 只针对键值进行排序，不考虑每个键值与原来键名或索引之间的对应关系，排序以后，数组中的原键名全部置换为新的索引键名。

2. asort( )函数

若在数组排序的同时，需要保留原键名与值之间的对应关系，可以使用 asort( )函数。它的语法格式、参数含义都与 sort( )函数一样，只是保留原键名与值的对应关联。

【例 7-21】例 7-20 的程序，用 asort( )函数描述如下。

```
<?php
    $arr1=array("a"=>1,"b"=>30,"c"=>2,"d"=>10);
    echo '$arr1 排序后如下:<br>';
    if(asort($arr1))        //标准排序$arr1
    {
        while(list($key,$val)=each($arr1))
            echo $key."=>".$val."、";
    }
    echo '<br>用 SORT_STRING 排序后如下：<br>';
    if(asort($arr1,SORT_STRING)) //按字符串排序
    {
        while(list($key,$val)=each($arr1))
            echo $key."=>".$val."、";
    }
?>
```

例 7-21 程序运行结果如图 7-15 所示。

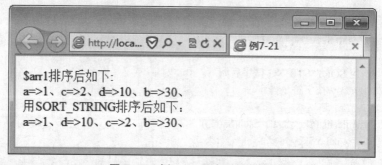

图 7-15　例 7-21 程序运行结果

3. ksort( )函数

sort( )与 asort( )函数都是根据数组中元素的键值进行排序的，ksort( )函数根据元素的键名进行排序，排序后，原键名与值之间的对应关系不改变。

【例 7-22】按学号对学生成绩进行升序排名。

```
<?php   $arr1=array("F3615"=>89,"F3603"=>85,"F3617"=>80,"F3601"=>70);
    echo '根据键名排序后，$arr1 如下:<br>';
    if(ksort($arr1))        //标准排序$arr1
        {
            while(list($key,$val)=each($arr1))
```

```
            echo $key."=>".$val."、";
        }
?>
```

例 7-22 程序运行结果如图 7-16 所示。

图 7-16　例 7-12 程序运行结果

7.6.2　降序

对数组进行降序排序的函数有 rsort( )、arsort( ) 与 krsort( )，它们的语法格式、参数含义、返回值分别与 sort( )、asort( ) 与 ksort( ) 函数完全一样，只是排序的结果为降序。

1. rsort( ) 函数

rsort( ) 函数按照数组元素的键值降序排序，排序以后，重新索引所有的元素键名。

【例 7-23】根据数值对数组进行排序，并重新索引。

```
<?php
    $arr1=array("a"=>80,"f"=>95,"e"=>86,"c"=>70);
    echo '对$arr1 用 rsort( )排序后如下:<br>';
    if(rsort($arr1))        //标准降序排序$arr1
    {
            while(list($key,$val)=each($arr1))
                echo $key."=>".$val."、";
    }
?>
```

例 7-23 程序运行结果如图 7-17 所示。

图 7-17　例 7-23 程序运行结果

2. arsort( ) 函数

arsort( ) 函数按照数组元素的键值降序排序，排序以后，保留所有元素原先的键名与键值对应关系。

【例 7-24】保留索引关系，根据数值大小对数组进行排序。

```php
<?php
    $arr1=array("a"=>80,"f"=>95,"e"=>86,"c"=>70);
    echo '对$arr1 用 arsort()排序后如下:<br>';
    if(arsort($arr1))      //标准排序$arr1
    {
        while(list($key,$val)=each($arr1))
            echo $key."=>".$val."、";
    }
?>
```

例 7-24 程序运行结果如图 7-18 所示。

图 7-18　例 7-24 程序运行结果

3. krsort( )函数

krsort( )函数按照数组元素的键名降序排序，排序以后，保留数组元素原本的键名与键值对应关系。

【例 7-25】按照键名对数组进行降序排序。

```php
<?php
    $arr1=array("a"=>80,"f"=>95,"e"=>86,"c"=>70);
    echo '对$arr1 用 krsort( )排序后如下:<br>';
    if(krsort($arr1))      //标准排序$arr1
    {
        while(list($key,$val)=each($arr1))
            echo $key."=>".$val."、";
    }
?>
```

例 7-25 程序运行结果如图 7-19 所示。

图 7-19　例 7-25 程序运行结果

7.6.3　随机排序

在关于数组的排序操作中，PHP 提供了一个很特别的函数，就是随机排序函数 shuffle( )

函数。

其语法格式如下：

```
shuffle($array)
```

【例 7-26】使用 shuffle( )函数，实现一个简单的验证码的生成程序。

```
<?php
$base_code=array("0","1","2","3","4","5","6","7","8","9","A","B","C","D","E","F",);
    shuffle($base_code);        //随机排序
    //抽取前 4 个元素作为验证码
    $iden_code="";
    for($i=0;$i<4;$i++)
        $iden_code.=$base_code[$i];
    //输出验证码
    echo $iden_code;
?>
```

例 7-26 程序运行后，由于每次使用 shuffle( )函数排序的结果都不同，并且没有规律可循，因此，每次刷新页面后，产生的验证码也就不同，第 1 次运行程序的结果如图 7-20 所示。刷新页面后的结果如图 7-21 所示。

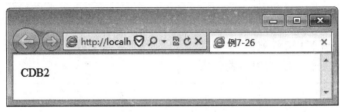

图 7-20　第 1 次运行程序的结果

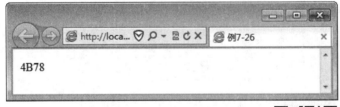

图 7-21　刷新页面后的结果

7.6.4　array_multisort( )函数

多个一维数组的排序　多维数组的排序

array_multisort( )函数用于对多个一维数组进行一次排序，也可以实现对二维或更多维数组的排序。如果是联合型数组，排序后键名不再重新索引，如果是索引型数组，排序后键名重新索引。

1. 多个一维数组排序

```
array_multisort(array1,[sort_type1, sort_fleg1,array2,array3…])
```

其中 sort_type1 属于可选参数，有升序、降序两种，对应的值是 SORT_ASC(升序)与 SORT_DESC(降序)，如果不设置该参数，默认按升序排序；

sort_fleg1（排序标志）属于可选参数。

使用 array_multisort( )函数对多个一维数组进行排序时，PHP 将这些数组看作一个矩阵，并对其中 array1 按给定的参数进行排序，其他数组中的元素，按照其在矩阵中，原本与第一个数组中各元素的对应关系进行排列。

【例 7-27】实现两个一维数组的排序。

```
<?php
    $s1=array(3,5,1,0,2);
    $s2=array(5,2,0,3,1);
    array_multisort($s1,$s2);      //同时对$S1 与$s2 排序
    //输出排序后的$S1 与$S2
    print_r($s1);
    echo "<br>";
    print_r($s2);
?>
```

使用 array_multiarray( )函数排序时，PHP 将两个$s1 与$s2 中各个元素看作互相对应的矩阵，类似下表：

| $s1 | 3 | 5 | 1 | 0 | 2 |
| $s2 | 5 | 2 | 0 | 3 | 1 |

array_multiarray( )首先对数组$s1 按默认规则进行排序，数组$s2 各元素则按其与$s1 各元素在上表中的对应关系，排到相应的位置。

| $s1 | 0 | 1 | 2 | 3 | 5 |
| $s2 | 3 | 0 | 1 | 5 | 2 |

例 7-27 程序运行结果如图 7-22 所示。

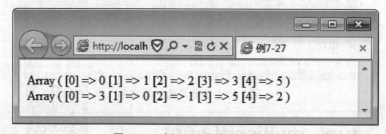

图 7-22　例 7-27 程序运行结果

 注意：

使用 array_multiarray( )函数对多个数组排序时，必须保证每个数组的长度一致，否则将会出错。

2．多维数组排序

对多维数组使用 array_multisort( )函数排序时，其语法格式如下：

array_multisort(sub_array1,[sort_type1, sort_fleg1,sub_array2, sort_type2, sort_fleg2,…],array)

其中，sub_array1 是必填参数，指排序时首先依据的子数组名；

sort_type 属于可选参数，排序类型有升序、降序两种，对应的值是 SORT_ASC（升序）与 SORT_DESC（降序），如果不设置该参数，默认按升序（SORT_ASC）排序；

sort_fleg 属于可选参数；

sub_array2…sub_array3…都属于可选参数，当子数组 1 中的元素值都相同时，依据子数组 2 中的元素值进行排序，依次类推；

array 是必填参数，表示要进行排序的多维数组名。

使用 array_multisort( )函数对多维数组排序前，先将各个需要排序的元素，分类生成几个新的子数组，然后按主次写进参数中。如果第一个子数组中的值相同，即按第二个子数组中的值排序。

【例 7-28】二维数组的排序。

```php
<?php
    $st_1=array("xh"=>"F3601","xm"=>"张明","cj"=>"78");
    $st_2=array("xh"=>"F3312","xm"=>"李英","cj"=>"85");
    $st_3=array("xh"=>"F3503","xm"=>"王强","cj"=>"83");
    $st_4=array("xh"=>"F3404","xm"=>"赵红","cj"=>"75");
    $st_5=array("xh"=>"F3604","xm"=>"赵红","cj"=>"75");
    $student=array("xs1"=>$st_1,"xs2"=>$st_2,"xs3"=>$st_3,"xs4"=>$st_4,"xs5"=>$st_5);
    //根据学号生成子数组与成绩子数组
    foreach($student as $key=>$val)
    {
        $s_id[$key]=$val["xh"];
        $s_cj[$key]=$val["cj"];
    }
    //根据成绩降序排列，若成绩相同，根据学号升序排序
    array_multisort($s_cj,SORT_DESC,SORT_NUMERIC,$s_id,SORT_ASC,SORT_STRING,$student);
    //输出排序后的数组$student 的内容
    foreach($student as $key=>$val)
        echo $val['xh'].','.$val['xm'].','.$val['cj'].'<br>';
?>
```

例 7-28 中，以下程序段：

```
foreach($student as $key=>$val) {
    $s_id[$key]=$val["xh"];
    $s_cj[$key]=$val["cj"];
}
```

作用是将二维数组分类生成两个一维子数组，$s_id 与$s_cj。

$s_id[key]、$s_cj[key]以$student 的各个键名，作为这两个数组各个元素的键名。因此得到两个子数组的键名列表如下：

$s_id['xs1'],$s_id['xs2'],…,$s_id['xs5']；

$s_cj['xs1'],$s_cj['xs2'],…,$s_cj['xs5']。

$val 变量是$student 数组中的各个一维数组。因此$val["xh"]与$val["cj"]得到的是各个一维数组中，以"xh"与"cj"为键名的元素值。因此，$s_id 与$s_cj 两个子数组的元素列表如下：

	xs1	xs2	xs3	xs4	xs5
$s_id	f3601	f3312	f3503	f3404	f3604
$s_cj	78	85	83	75	75

array_multisort( )语句让$student 根据$s_cj 中的元素降序排序，如果分数相同，则按$s_id 中的元素升序排序。

例 7-28 程序运行结果图 7-23 所示。

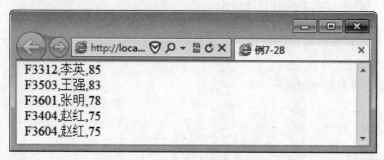

图 7-23　例 7-28 程序运行结果

本节内容，可以参考慕课《多维数组排序》进行学习。

7.7　数组的入栈与出栈

栈在数据结构中是一个非常重要的概念，线性表中，FILO（先入后出）工作机制的数据结构，称为栈，FIFO（先入先出）工作机制的称为堆。栈与堆示意图如图 7-24 所示。

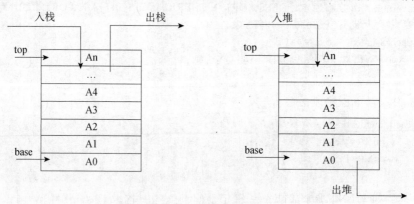

图 7-24　栈与堆示意图

在 PHP 中，数组也可以通过入栈与出栈的方式进行增删元素的操作。其中入栈使用 array_push( )函数，出栈使用 array_pop( )函数。

1. 数组入栈函权 array_push( )

array_push( )函数用于将新元素以入栈的方式，增加到数组的元素列表中。一次可以压入一个元素，也可以压入多个元素。新元素被压入数组的尾部。其语法格式如下：

```
array_push($array,var[,var2,var3…])
```

其中，$array 表示要增加元素的数组名，$var 表示要增加的元素值。

【例 7-29】通过入栈方式增加数组元素。

```php
<?php
    $arr1=array(1,2,3,4);
    $arr2=array('a','b','c','d');
    array_push($arr1,0);
    array_push($arr2,'e','f');
    print_r($arr1);
    echo "<br>";
    print_r($arr2);
?>
```

例 7-29 程序运行结果如图 7-25 所示。

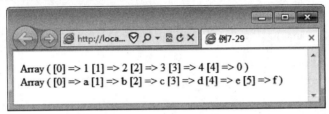

图 7-25 例 7-29 程序运行结果

 注意：

使用函数 array_unshift( )可实现从数组的头部压入新元素。该函数功能与 array_push( )相似，只是新元素追加到数组元素列表的前面。

2. 数组出栈函数 array_pop( )

数组的出栈相当于从数组的尾部删去一个元素，array_pop( )函数的语法格式如下：

```
array_pop($array)
```

其中，$array 是要出栈的数组名。

【例 7-30】删除数组的最后一个元素。

```php
<?php
    $arr=array(1,2,3,4,5);
    array_pop($arr);    //出栈
    print_r ($arr);
?>
```

例 7-30 运行结果如图 7-26 所示。

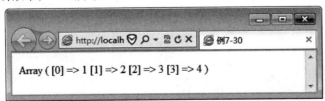

图 7-26 例 7-30 程序运行结果

注意：

与入栈不同，出栈一次只能操作一个元素。

PHP 也提供一个从数组头部出栈的函数 array_shift( )，它的用法与 array_pop( )函数相似，只是每次执行，数组的第一个元素被删除。

如果将 array_push( )与 array_pop( )函数配合使用，实现的就是栈的操作。如果将 array_push( )与 array_shift( )函数配合使用，则是堆的操作。

7.8 数组的查询

数组查询

array_search( )函数用于搜索数组元素中，是否存在某个值，如果存在，即返回该元素的键名或索引，否则返回空值。其语法格式如下：

array_search($value,$array)

其中，$value 是要搜索的值，$array 是数组名。

【例 7-31】利用数组查询函数 array_search( )函数实现一个图书购物车实例。在这个例子中，我们可以实现对购物车中指定商品数量的修改与删除。例 7-31 完整程序通过扫描封面二维码获取本书源代码。

例 7-31 程序运行结果如图 7-27 所示。

图 7-27　例 7-31 程序运行结果

本节范例，可以参考慕课《数组查询》进行学习。

思考与练习

一、单项选择题

1. 以下正确的数组定义语句是（　　）。

A. $a={1,2,3,4,5};　　　　　　　　B. $x[3][]={{1},{2},{3}};
C. $b=array(1,2,3,4);　　　　　　　D. $y=array{0,1,2,3};

2. 定义数组时，键名与键值之间的连接符是（　　）。

A. #　　　　　B. =　　　　　C. =>　　　　　D. ->

3. 能正确获取数组$arr=array(array('a','b','c'))中的值'c'的是（　　）。
   A. $arr[0][2];　　　B. $arr[3];　　　C. $arr[1][3];　　　D. $arr[2];
4. 使用（　　）函数，可以返回数组中某个元素的键名。
   A. array_push( )　　B. array_search( )　　C. array_shift( )　　D. array_pop( )
5. 要删除数组中的重复值，返回一个所有元素都唯一的数组，使用以下（　　）函数。
   A. array_keys( )　　B. array_unique( )　　C. array_values( )　　D. array_unshift( )
6. $A=array("a"=>2,"b"=>4,"c"=>1, "d"=>3);能够使$A 数组转换为$A=array("c"=>1, "a"=>2,"d"=>3,"b"=>4)的函数是（　　）。
   A. sort( )　　　B. asort( )　　　C. ksort( )　　　D. arsort( )
7. $A=array(2,3,4,1);array_shift($A)的结果是（　　）。
   A. $A=array(2,3,4)　B. $A=array(3,4,1)　C. $A=array( );　D. $A=array(1,4,3,2)
8. $A=array(array(1,2),array(2,4),array(3,2));count($A)的结果是（　　）。
   A. 6　　　　　B. 3　　　　　C. 4　　　　　D. 2
9. $A=array(3,2,6,9);$B=array(4,2,0,1);array_multisort($A,$B)的结果是（　　）。
   A. $A=array(2,3,6,9);$B=array(4,2,0,1);　　B. $A=array(2,3,6,9);$B=array(0,1,2,4);
   C. $A=array(2,3,6,9);$B=array(4,2,1,0);　　D. $A=array(2,3,6,9);$B=array(2,4,0,1)
10. rang(1,10,2)得到下列（　　）数组。
    A. array(2,4,6,8,10)　B. array(1,3,5,7,9)　C. array(1,10)　D. array(1,2,4,8)

二、填空题

1. 下面程序最后输出的值是_____。

```
<?php
    $arr = array(array('jack','boy',23,'18nan'=>array(18000,180,18)), array('rose','girl',18) );
    echo $arr[1][1];
?>
```

2. 运行下面代码输出的内容是_____。

```
<?php
    $arr=array(5=>1,12=>2);
    $arr[13]=3;
    $arr["x"]=4;
    unset($arr[5]);
    print_r($arr);
?>
```

3. 下面程序最后输出的$max 值是_____。

```
<?php
$arr = array(1,5,67,8,4,3,45,6, 87,2);
$max = $arr[0];
for($i = 1;$i < sizeof($arr);$i++){
    if($arr[$i] >= $max){
        $max= $arr[$i];
    }}
echo $max;
?>
```

4. 下面程序输出的结果是_____。

```
<?php
    $A=array(1=>6,2=>2,3=>13,4=>7);
    $B=array(3,2,9,5);
    arsort($A);
    sort($B);
    echo ($A[3]+$B[3]);
?>
```

三、应用练习

1. 使用程序实现一个长度为10的数组，其中的元素是一个递增的偶数数列，首项是2，公差为2，并输出数组的各元素。

2. 请编写程序，定义一个长度为10的数组，其中的元素是10个随机大小的整数（设定为1~100），将元素升序排序后输出（注意：不改变数组元素的索引关系）。

3. 编写程序，随机产生一个长度为20、元素值为1~50的整数数组，删去数组中重复的值，只剩一个。数组中的元素按由小到大的顺序排列，并遍历输出去重后数组中各元素的值。

4. 编写程序，随机生成一个10个元素的数组，元素的值范围为1~100，计算并输出数组中最大元素值和最小元素值的差。

5. 图7-28是数学中著名的"杨辉三角"，编写程序输出7行的"杨辉三角"（要求：用数组实现）。

```
                1                       n=0
              1   1                     n=1
            1   2   1                   n=2
          1   3   3   1                 n=3
        1   4   6   4   1               n=4
      1   5  10  10   5   1             n=5
    1   6  15  20  15   6   1           n=6
```

图7-28 "杨辉三角"

6. 给一个4×4的二维数组，数组元素的值为0或者1，要求转换数组，将含有1的行和列全部置为1。示意图如图7-29所示。

图7-29 示意图

第 8 章 面向对象程序设计

面向对象（Object Oriented Programming）是程序设计中一个非常重要的方法。相比于传统的面向过程设计方法，它的优点主要如下：

（1）便于管理，面向对象方法将不同功能的程序封装成独立的模块，各个模块能够相对独立，有利于维护与调试；

（2）扩展性强，面向对象设计方法中提供继承功能，使新的模块能够在继承某个模块功能的基础上增强自己的功能；

（3）重用灵活，已经定义的某个功能模块，多次使用时，不需要多次编写定义代码。

面向对象程序设计有三大特点：封装性、继承性与多态性。

（1）封装性，是指一个类的定义与使用分开。在定义一个类时，只保留一些必需的接口（方法）使类与外部联系，至于类内部定义的功能是如何实现的，使用人员不必关心，只需知道如何通过接口使用这个类即可。

（2）继承性，是指一个类（子类）可以在另一个类（父类）的功能基础上定义（可以把继承理解为父类的升级或改造，但它不影响父类自身）。PHP 是单继承，即一个父类可以派生多个子类，但一个子类只有一个父类。

（3）多态性，是指由一个类创建出来的不同对象，调用类中的同一方法时，可以产生不同的形态（同一方法，不同功能）。

 ## 8.1 类的简介

在面向对象程序设计中，类是具有相同属性和操作的一组对象的集合，是一个抽象体，它定义一种程序模型的属性与方法，允许程序在必要的地方，利用这个模型，生成不同的、具体的对象。

在众多的生物中，人是一个生物种类（即类）。这种生物，有身高、体重、性别、学历、职业等属性，具有运动、生产、说话、唱歌等能力（方法）。但并非每个人的身高、体重、智商都一样，每个人的能力也不尽相同。因此每个具体的"人"并不完全相同。示例 1 如图 8-1 所示。

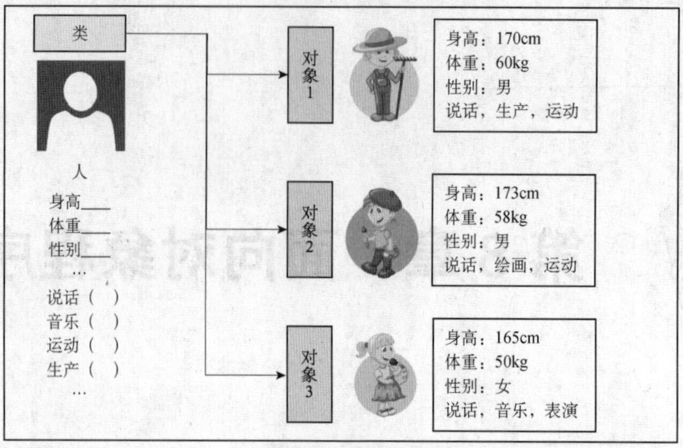

图 8-1 示例 1

因为类是从众多具有相同属性与方法的对象中抽象出来的，因此，不同程度的抽象，可以得到不同层次的分类。示例 2 如图 8-2 所示。

图 8-2 示例 2

8.1.1 类的定义与初始化

定义一个类，使用 class 关键字，后面是类名，然后是类的描述语句。
不同的类的描述语句不同，下面是一个典型的类定义格式：

```
class Class_Name
{   private varname; //私有变量
    protected varname;   //保护变量
    public varname; //公有变量
    function __construct(arg1,arg2……)        //构造函数
    {    //构造函数体 }
    private function Fun_name ( )        //私有成员函数
    {    //函数体 }
    protected function Fun_name ( )        //保护成员函数
    { //函数体 }
    public function Fun_name ( )        //公有成员函数
    {    //函数体 }
    function __destruct( )        //析构函数
    {    //函数体 }
}
```

注意:

类名 class_name 遵循 PHP 的变量命名规则;

__construct( )与__destruct( )函数的前缀是两个下画线。

【例 8-1】定义一个学生类。

```php
<?php
    class Student
    {
        //学生信息属性列表
        public $s_name;
        public $s_sex;
        private $s_age;
        protected $s_major;
        //构造函数
        function __construct($arg_age,$arg_major)
        {
            $this->s_age=$arg_age;
            $this->s_major=$arg_major;
        }
        //定义输出学生信息的方法
        public function Print_info( )
        {
            echo "学生姓名:".$this->s_name."<br>";
            echo "学生性别:".$this->s_sex."<br>";
            echo "学生年龄:".$this->s_age."<br>";
            echo "就读专业:".$this->s_major."<br>";
        }
        //析构函数
        function __destruct( )
        {
            echo "----------------<br>";
        }
    }
?>
```

定义一个类,只是定义了一个抽象的模型,必须将其具体化为对象,类中的程序才有具体的作用,这就是类的初始化,也称为类的实例化。

实例化一个类的语法格式为:

```
$object_name=new class_name([$var_list]);
```

$object_name 是对象名,命名规则遵循变量的命名规则;$var_list 是可选参数,类的初始化属性值,取决于类的构造函数参数列表。

【例 8-2】将例 8-1 的类初始化为两个对象。

```php
<?php
    $my_student1=new Student(18,"计算机科学与技术");    //初始化第一个对象
    $my_student1->s_name="李小燕";     //给第一个学生对象的姓名属性赋值
    $my_student1->s_sex="女";        //给性别属性赋值
```

```
    $my_student1->Print_info( );        //调用输出方法
    $my_student1=NULL;                  //释放对象

    $my_student2=new Student(19,"移动应用开发");   //初始化第二个对象
    $my_student2->s_name="张成";
    $my_student2->s_sex="男";
    $my_student2->Print_info( );
?>
```

例 8-2 程序运行结果如图 8-3 所示。

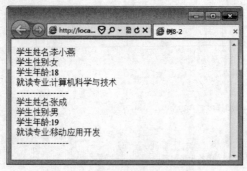

图 8-3 例 8-2 程序运行结果

从例 8-2 可以看出，当一个对象被释放或者程序结束运行时，类的析构函数会自动被调用。在例 8-2 的类定义中，定义了四个变量，分别用于接收姓名、年龄、性别与专业，定义了三个函数，分别是构造函数、信息输出函数、析构函数。

在面向对象程序设计中，类定义体中的变量为属性，函数称为方法。

8.1.2 类的属性

类中的变量，称为成员变量，也称为属性。它与普通变量本质上是一样的。

在一个类中，定义成员变量的语法格式为：

```
key_words  $var
```

其中，key_words (关键字)包括以下类型。

（1）public：公共变量，该变量是公开的，无论是在类内还是在类外，都可以直接调用，也可以被子类所继承。

例 8-1 中的$s_name 与$s_sex 两个变量是公共变量，既可以在类内调用，也可以在类外访问。

例如，在 Student 类中，输出$s_name 的语句属于类内访问成员变量：

```
echo "学生姓名:".$this->s_name."<br>";
```

在例 8-2 中，利用对象名给$s_name 赋值，属于类外访问成员变量：

```
$my_student1->s_name="李小燕";    //给第一个学生对象的姓名属性赋值
```

 注意：

无论类内或类外访问成员变量，都不能直接通过变量名，必须以$this->$var 或者对象名->$var 的格式来访问。

（2）private：私有变量，顾名思义，此类变量仅属于其所在的类，因此只能在所属类的内部被调用，该类的子类也不能访问。

例 8-1 中的$s_age 变量，是私有变量，只能在定义该类时调用。

（3）protected：保护变量，该类变量可以被本类及所有的子类自由调用。它不像公共变量那样全部开放，也不像私有变量那样严格隐藏于类内。

例如，例 8-1 中的$s_major 变量，是一个保护变量，除了在 Student 类中可以访问外，如果 Student 类还有子类，那么在子类中也可以通过 parent::$s_major 的方式访问该成员变量。

（4）static：静态变量，这是一种比较特殊的变量。它有两个特点。

① 静态成员变量不需要实例化它所在的类，就可以直接访问。类内访问的格式为 self::静态变量名，在子类中访问父类静态变量的格式为 parent::静态变量名。

② 静态变量所在的对象被销毁以后，静态变量的值依然存在，直至整个程序结束，才释放（参考下文静态方法）。

【例 8-3】统计访问数量。

```php
<?php
class Guest{              //定义访客类
    static $num=0;
    public function showMe( ){
        echo "你是第".self::$num."位访客";
        self::$num++;
    }
}
$guest1=new Guest;    //初始化对象
$guest1->showMe( );   //调用方法
echo "<br>";
$guest1->showMe( );   //调用同一对象的同一方法
echo "<br>";
$guest2=new Guest;    //创建新对象
$guest2->showMe( );
echo "<br>";
echo "您是第".Guest::$num."位访客";    //直接通过类名访问静态变量
?>
```

例 8-3 程序中，$guest1 与$guest2 都是 Guest 类的对象，分别两次调用 Guest 类中的 showMe( )方法，由于每次调用 showMe( )之后，Guest 类的静态成员变量$num 的值都继续保留在内存中，实现$num 的值不断递增。例 8-3 程序运行结果如图 8-4 所示。

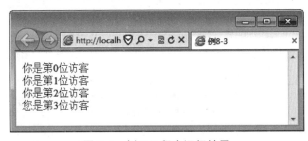

图 8-4　例 8-3 程序运行结果

8.1.3 类的方法

一个函数用于完成某项功能，类的函数，则用于完成类的某部分功能，称为类的一个方法。PHP 类的方法，主要有以下几种。

1. 普通方法

类的普通方法用 function 关键字定义，可在类的定义中调用，也可被这个类的所有对象调用。在类内调用方法时，语法格式如下：

$this->function_name( );

通过类的实例对象调用方法时，语法格式如下：

$object_name->function_name( );

其中，function_name 表示方法名，$object_name 表示类的对象名。

2. 静态方法

类的静态方法用 static function 关键字定义。类的静态方法只属于类的本身，而不属于这个类的任何一个对象。因此它可以通过"类名::方法名"进行调用，也可以通过"对象名->方法名"调用（提倡第一种方法）。另外，静态方法只能调用静态成员变量，不能调用普通变量。

【例 8-4】类的静态方法的使用。

```php
<?php
class Human{
  static $name="伟明";
  public $height=180;
  static function tell( ){        //静态方法
       echo "我的名字是".self::$name."<br>";      //调用静态成员
       }
  public function say( ){      //普通方法
       echo "我叫".self::$name;           //调用静态成员
       echo "我的身高是".$this->height."<br>";   //调用普通成员
       }
}
$p1=new Human( );
$p1->say( );
$p1->tell( );    //调用静态方法
?>
```

例 8-4 程序运行结果如图 8-5 所示。

图 8-5 例 8-4 程序运行结果

 注意：

对静态属性与普通方法，要避免使用以下的访问格式。

① $p1::$name；不能通过对象访问类的静态变量。
② $p1->name；不能通过对象访问类的静态变量。
③ Human::say( )；普通方法不能通过类名直接访问，静态方法可以。

3. 构造函数

构造函数主要用于初始化一个对象，使类的对象能够获得可用内存空间。
定义一个类的构造函数，其语法格式有两种，分别如下：

```
function __construct( )
{
        //函数体
}
```

或者

```
function class_name( )        //用类名作为构造函数名
{
        //函数体
}
```

当对类进行实例化时，构造函数自动被调用，不需要特别声明调用语句。

【例 8-5】一个图书类的定义及一个图书对象的实例化程序。

例 8-5 程序对 Book 类进行对象实例化时，通过类的构造函数进行初始化，因此 $mybook=new Book( )语句中的参数值，传递给构造函数的参数列表。例 8-5 程序运行结果如图 8-6 所示。完整程序可通过扫描本书封面二维码进行下载。

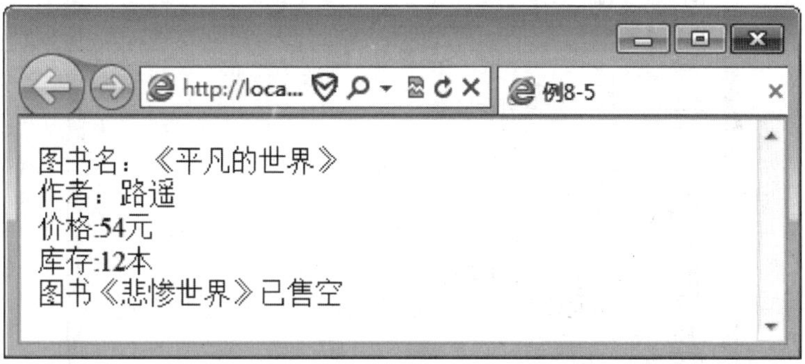

图 8-6 例 8-5 程序运行结果

4. 析构函数

析构函数在销毁一个实例对象时，自动调用，主要用于释放对象占用的内存空间。因此，当一个实例对象销毁时，后期任务可以在该函数中定义。应用举例参见例 8-1 与例 8-2。

8.2　类的继承

在解决问题时，需要区别普遍性问题与特殊性问题。例如，例 8-5 的图书类，可以看作一个适用于绝大多数图书信息处理的普通图书类，具有普遍性。如果有一类"古籍善本"的图书，它具有普通图书共有的属性，所不同的是，它多了一个"朝代"属性，标明是哪个朝代的善本。这时"古籍善本"图书就是一种特殊情况，它既具备所有普通图书类的属性，又具有自己独有的属性。如果能够把普通图书类中定义的属性用到古籍善本类图书中，同时，又让古籍善本类图书也具备自己的独有属性，可以节省定义两者共有属性的时间，简化代码，提高开发效率。

这就是继承的基本思想——让特殊类在复用普通类的属性与方法的基础上，扩展定义自己的属性与方法。在继承中，继承类称为子类，被继承类称为父类。继承的语法格式如下：

```
class SubClassName extends SuperClassName
{
    //子类独有属性声明
    //子类独有行为声明
}
```

其中，SubClassName 为子类名，SuperClassName 为父类名。

【例 8-6】分别定义一个 Ancient_Book 类，一个 Journal_Book 类，它们都是例 8-5 中 Book 类的子类。

例 8-6 程序运行结果如图 8-7 所示。例 8-6 程序通过扫描本书封面二维码可获得。

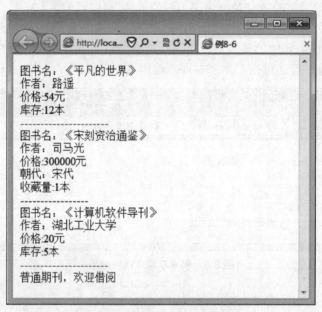

图 8-7　例 8-6 程序运行结果

在类的继承中，存在以下特点。

（1）子类与父类拥有同名方法时，子类对象以子类的方法为准，如构造函数与 bookInfo( ) 方法。

（2）子类可以在父类成员变量的基础上，增加自己的成员变量，如 Ancient_Book 类中的 $dynasty，也可以在父类方法的基础上，增加自己的方法，如 Journal_Book 类中的 book_comment( )。

（3）子类可以继承父类的公共成员变量（public）、保护变量(protected)、公有方法、保护方法。无法继承私有的成员变量与方法。

【例 8-7】子类对象调用父类的私有方法。

book_comment( )方法是 Book 父类的私有方法，$mybook2 是子类 Ancient_Book 的实例对象，通过子类对象调用父类的私有方法，将出错。例 8-7 程序运行结果如图 8-8 所示。例 8-7 程序通过扫描本书封面二维码可得。

图 8-8　例 8-7 程序运行结果

 注意：

如果在声明一个类的成员方法时，省略权限关键字（public、protected、private），PHP 默认就是 public。

 8.3　类的多态性与 final 关键字

8.3.1　类的多态性

所谓多态，是指同一种成员方法，最后实现时有多种不同的形态，它是面向对象程序设计的一个重要特点。

1．覆盖

覆盖也称重写，或重定义，是在子类中对父类的同名方法重新定义，这样在子类的对象调用该方法时，产生不同于父类方法的结果。例如，例 8-6，Book 类中的构造函数、bookInfo( )函数，在 Ancient_Book 子类中，也存在同名的方法，最后子类对象调用这些方法时，返回的结果却不同。

在覆盖情况下，如果是父类的对象，即调用父类中的方法，子类对象则调用子类中的方法。

2．重载

重载是在同一个类中，对同一个方法多次定义，每次定义通过不同的参数个数或参数类型互相区分，使函数名可以重用，不必因参数情况的区别而定义多个函数。

重载中多个函数虽然名字相同，但因为参数个数、类型不同，调用这些函数时，PHP 根据实际调用时的参数情况，自动调用对应形式的函数。

【例 8-8】一个重载的实现。

```
<?php
    class overload
    {
```

```
            function __call($name,$args)
            {
                echo "本次调用的方法:".$name."   ";
                echo "参数的个数:".count($args)."<br>";
                //根据参数的个数决定所调用的方法
                if(count($args)==1)
                    echo $this->fun1($args[0]);
                if(count($args)==2)
                    echo $this->fun2($args[0],$args[1]);
            }
            public function fun1($a)
            {
                return "fun1 的结果是".$a."<br>";
            }
            public function fun2($a,$b)
            {
                $c=$a+$b;
                return "fun2 的结果是".$c."<br>";
            }
        }
        $k=new overload;
        $k->e(9);
        $k->e(3,4);
    ?>
```

例 8-8 程序运行结果如图 8-9 所示。

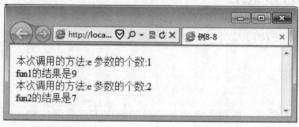

图 8-9　例 8-8 程序运行结果

 注意：

由于 PHP 是弱类型语言，对数据类型不敏感，因此它无法通过区分数据类型来构造重载函数。严格来说，PHP 并不支持真正的函数重载。上面的例子，是利用 PHP 的魔术方法 __call，实现与函数重载一样的效果。

注意区别覆盖与重载。覆盖发生在父类与子类的同名方法之间，重载发生在同一类内的同名方法之间。

8.3.2　final 关键字

类可以多级继承。即一个类可以是另一个类的子类的同时，也是第三个类的父类，类似于爷爷—父亲—儿子—孙子的关系。但如果一个类定义时，加上 final 关键字，则表示该类是

终极类,该类不能再被继承。其语法格式如下:

```
final class class_name
{
    //类定义体
}
```

【例 8-9】final 关键字的使用。

```php
<?php
    final class A           //创建一个终极类
    {
        function __construct()
        {
            echo "终极类的构造函数";
        }
    }
    class Sub_A extends A   //创建 A 类的子类
    {
        function test()
        {
            echo "子类方法";
        }
    }
    $obj=new Sub_A;
    $obj->test();
?>
```

class A 是一个 final 类,类 Sub_A 试图继承 A 类,这将导致错误结果。例 8-9 程序运行结果如图 8-10 所示。

图 8-10 例 8-9 程序运行结果

一个普通类中的某个方法也可以加上 final 关键字,表示该方法在该类的子类中,可以被继承,但不可以被重写。

【例 8-10】在子类中重写父类的 final 方法将出错。

```php
<?php
    class A
    {
        final function test()
        {
            echo "A 类的 test 方法<br>";
        }
        final function output()
        {
```

```
            echo "A 类的 output 方法<br>";
        }
    }
    class Sub_A extends A     //创建 A 类的子类
    {
        function output( )     //重写 output( )
        {
            echo "子类的 output 方法<br>";
        }
    }
    $obj=new Sub_A;
    $obj->test( );
    $obj->output( );
?>
```

class A 定义两个 final 方法——test( )与 output( )，子类对象$obj 调用父类的 test( )方法及子类的 output( )方法，而子类的 output( )方法是对父类同名方法的重写,这将导致出错。例 8-10 程序运行结果如图 8-11 所示。

图 8-11　例 8-10 程序运行结果

　8.4　抽象类与接口

8.4.1　抽象类

1. 抽象方法

抽象方法是指只定义方法名，没有具体实现的方法。它由其所在类的子类实现。定义一个抽象方法的语法格式如下：

abstract function fun_name( );

　注意：

由于抽象方法没有具体实现其功能的程序代码，因此它只是一句声明语句，后面要以分号结束。

2. 抽象类

抽象类是一种不能创建实例对象的类，它只能作为其他类的父类。它像普通类一样，有自己的成员变量、成员方法，也可以定义自己的成员方法的实现，但至少要包含一个抽象方法。定义一个抽象类的语法格式如下：

```
abstract class class_name
{ …… }
```

抽象类通常应用于复杂的继承中，在这种继承关系中，要求每个子类都要包含并重写父类的某些方法，那么就不必在父类中具体定义这些方法的实现，交给子类根据自身的需要实现则可。

【例 8-11】动物可以分为兽类、禽类、鱼类、虫类等，每类动物都有自己的运动、繁殖、捕食等行为，但各有不同。如果把动物作为一个大类 Animal，则兽、禽、鱼、虫类就是动物类的子类，而运动、捕食等行为则是每个子类都存在的方法，只是这些方法在每个子类中的实现都不同，因而在动物这个父类中就不必具体实现。为了编码的规范与方便，所有子类的方法使用相同的方法名：move（运动）、predation（捕食）。

```php
<?php
    abstract class Animal     //定义动物抽象类
    {
        abstract function move( );    //抽象方法
        abstract function reproduction( );
    }
    //定义兽类
    class Beast extends Animal
    {
        function move( ) //定义运动方法的实现
        {
            echo "兽类采取行走的方式运动<br>";
        }
        function reproduction( ) //定义运动方法的实现
        {
            echo "兽类的繁殖方式以胎生为主<br>";
        }

    }
    //定义禽类
    class Birds extends Animal
    {
        function move( ) //定义运动方法的实现
        {
            echo "禽类采取飞翔的方式运动<br>";
        }
        function reproduction( ) //定义繁殖方法的实现
        {
            echo "禽类主要以卵生的方式繁殖<br>";
        }
    }
    $tiger=new Beast;
    $eager=new Birds;
    $tiger->move( );
    $tiger->reproduction( );
    $eager->move( );
```

```
$eager->reproduction( );
?>
```

例 8-11 程序运行结果如图 8-12 所示。

图 8-12　例 8-11 程序运行结果

8.4.2　接口

1. 接口的定义与实现

PHP 是一种单继承语言，一个父类可以有多个子类，但一个子类只能继承一个父类。如果要实现多继承，只能使用接口（interface）。

接口也称接口类，是一种特殊的类：它相当于一个类的模板，在这个模板中，定义一个类必须包含哪些方法，但它不提供这些方法的具体实现过程（类似抽象类），而是把这些实现过程交给它的实现类完成，并且要求它的实现类，必须把它的全部方法都实现，缺一不可。

定义一个接口类的语法格式如下：

```
interface Ifname
{
        public function fun1( );
        public function fun2( );
        …
}
```

 注意：

接口类中的所有成员方法，都必须是 public 类型，在定义接口时，public 关键字可以省略。

如果要实现接口类中的方法，需要再定义一个实现类(implements)，其语法格式如下：

```
class Clname implements Ifname
{
        //接口类各方法的实现过程
}
```

【例 8-12】定义一个运动接口（Move），并通过鸟类（Birds）实现。

```
<?php
    interface Move    //运动接口类
    {
        public function setAnimal($name);
        public function moveStyle( );
    }
```

```
    class Birds implements Move        //实现接口
    {
        public $animal_name;
        public function setAnimal($name)
        {
            $this->animal_name=$name;
        }
        public function moveStyle( )
        {
            echo $this->animal_name." is a bird,<br>";
            echo "It moves by fly";
        }
    }
    $bird=new Birds;           //初始化实例
    $bird->setAnimal("Eager");
    $bird->moveStyle( );
?>
```

例 8-12 程序运行结果如图 8-13 所示。

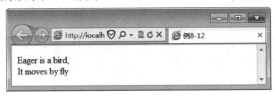

图 8-13　例 8-12 程序运行结果

2. 接口的继承与实现

接口类可以继承它的子接口类，称为接口的扩充。子接口类在继承它的父接口类全部方法的基础上，扩充自己的方法。在实现一个子接口类时，必须把这个子接口类及它的父接口类的全部方法都实现。子接口类的继承与实现示意图如图 8-14 所示。

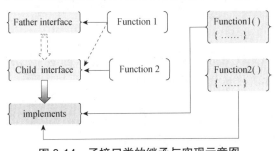

图 8-14　子接口类的继承与实现示意图

【例 8-13】接口的继承使用。

```
<?php
    interface A           //接口 A
    {
        public function sing( ); //唱歌方法
    }
    interface B extends A        //接口 B 继承接口 A
```

```
        {
            public function dance( );        //接口 B 的跳舞方法
        }
        //接口 B 的实现类,要同时实现 sing( )与 dance( )
        class C implements B
        {
            public function sing( )
            {
                echo "Let's sing together<br>";
            }
            public function dance( )
            {
                echo "People were dancing in the square";
            }
        }
        //实例化类 C
        $art= new C;
        $art->sing( );
        $art->dance( );
    ?>
```

例 8-13 程序的 B 接口类是 A 接口类的子类,因此 B 接口类继承 A 接口类中的 sing( )方法。类 C 实现 B 接口类时,必须把 sing( )方法 dance( )方法都实现。例 8-13 程序运行结果如图 8-15 所示。

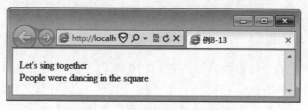

图 8-15　例 8-13 程序运行结果

 注意:

如果在实现类 C 中只定义 dance( )方法的实现,忽略 sing( )方法,这将产生错误。程序没有全部实现接口类中的方法将出错如图 8-16 所示。

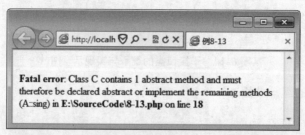

图 8-16　程序没有全部实现接口类中的方法将出错

3. 用接口实现多继承

多继承是指一个子类同时继承多个父类的特性。多继承示意图如图 8-17 所示。"顶岗实习生"同时具备"学生"与"员工"的特性，就可以看作一种多继承。

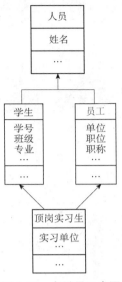

图 8-17　多继承示意图

PHP 的继承机制中，一个普通子类不能有多个父类，但接口类的继承允许一个子接口类可以有多个父接口类，因此，可以利用接口实现多继承。

【例 8-14】用接口实现多继承。本例完整代码可通过扫描封面二维码获取。

例 8-14 程序运行结果如图 8-18 所示。

图 8-18　例 8-14 程序运行结果

 8.5　__autoload( )方法

__autoload 函数

为了提高代码的重用率，通常会将一个独立、完整的类定义保存在一个独立的 PHP 文件中，并将该文件与类名命名一致。当需要在其他某个文件中对该类实例化时，利用 include( )或 require( ) 函数，将类文件包含即可。

但是当一个文件中需要包含多个类文件时，就需要使用大量的 include( )或 require( ) 函数，才能包含相关的类文件，很不方便。

PHP 为此提供了一个魔术方法__autoload( )方法解决。

当程序需要用到某个类，而该类所在的文件又未被当前文件包含时，__autoload( )方法将自动在指定的路径下查找与该类同名的文件，如果找到，即程序继续正常执行，否则，报告错误。

【例 8-15】 ArtObject.class.php 是一个类文件，封装了一个艺术课程的类。8-15.php 是对该类进行实例化应用的文件，使用 __autoload( ) 方法进行类文件的载入。

【ArtObject.class.php】

```php
<?php
class ArtObject{        //类名与文件名一致

    private $obj_name;    //课程名称
    private $teacher_name;  //教师名称
    private $stu_num;     //开班人数
    public $config_num;  //报名人数
    function __construct($obj,$num)
    {
        $this->obj_name=$obj;     //开班课程
        $this->config_num=$num; //报名人数
        if($this->obj_name=="声乐基础")
        {
            $this->teacher_name="蒋小为";
            $this->stu_num=20;
        }
        elseif($this->obj_name=="二胡初阶")
        {
            $this->teacher_name="阿丁";
            $this->stu_num=30;
        }
        else
        {
            $this->teacher_name="胡老师";
            $this->stu_num=40;
        }
    }
    public function Obj_info( )   //课程信息输出方法
    {
        if($this->config_num>=$this->stu_num)
        {
            echo "《".$this->obj_name."》课已报名".$this->config_num."人，";
            echo "正常开班<br>";
            echo "任课老师:".$this->teacher_name."<br>";
        }
        else
        {
            echo "《".$this->obj_name."》课已报名".$this->config_num."人<br>";
            echo "未达到开班人数，课程取消<br>";
        }
        echo "-----------------------------<br>";
    }
}
?>
```

【8-15.php】
```php
<?php
    //自动载入所要实例化的类
    function __autoload($class_name){
        //指定类文件路径
        $class_path=$class_name.'.class.php';
        if(file_exists($class_path)){
            include_once($class_path);
        }
        else
            echo "指定的类文件不存在";
    }
    //实例化 ArtObject 类成两个对象
    $object1=new ArtObject('声乐基础',25);
    $object1->Obj_info( );
    $object2=new ArtObject('钢琴演奏',30);
    $object2->Obj_info( );
?>
```

例 8-15 程序运行结果如图 8-19 所示。

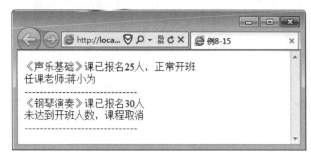

图 8-19　例 8-15 程序运行结果

本节内容，可以参考慕课《__autoload( )函数》学习。

思考与练习

一、单项选择题

1. 关于对象以下说法中错误的是（　　）。
A. 每个对象都有自己独立的存储空间，互相的属性值不会相互影响
B. 在实例化对象时，可以使用一个变量代替类名
C. 成员方法名大小写敏感，调用时需要注意与定义时相一致
D. 只有在实例化时才会为属性开辟存储空间，保存在对象中
2. 下列关于$this 的说法中，正确的选项是（　　）。
A. 对象被创建后，在对象的每个成员方法里都会有一个$this
B. $this 专门用来完成类与对象之间的访问
C. 对于不同的对象，$this 引用的是同一个对象

D. 成员方法属于哪个对象，$this 引用就代表哪个类

3. 关于类与对象的描述，下列说法正确的是（　　）。

A. 对象是对某一事物的抽象描述

B. 类用于表示现实中事物的个体

C. 类用于描述多个对象的共同特征，它是对象的模板

D. 对象是根据类创建的，并且一个类只能创建一个对象

4. 如何声明一个 PHP 的用户自定义类（　　）。

A. <?php class Class_name( ){} ?>

B. <? class Class_name{} ?>

C. <? Function Function_name{} ?>

D. <? Function Function_name( ){} ?>

5. 下列能让一个对象实例调用自身的方法函数 mymethod 的是（　　）。

A. $self=>mymethod( );　　　　　　　　B. $this->mymethod( )

C. $this=>mymethod( );　　　　　　　　D. $this::mymethod( )

6. 下面说法中错误的是（　　）。

A. 父类的构造函数与析构函数不会自动被调用

B. 成员变量与方法都分为 public、protected 与 private 三个权限级别

C. 父类中定义的静态成员，不可以在子类中直接调用

D. 包含抽象方法的类必须为抽象类，抽象类不能被实例化

7. 如果成员方法没有声明权限字符属性，即默认值是（　　）。

A. private　　　　　B. protected　　　　　C. public　　　　　D. final

8. 在 PHP 的面向对象中，类中定义的析构函数是在（　　）调用的。

A. 类创建时　　　　B. 创建对象时　　　　C. 删除对象时　　　　D. 不自动调用时

9. 以下关于接口与抽象类的对比分析，哪条是错误的（　　）。

A. 接口和抽象类都可以只声明方法而不实现它

B. 抽象类可以定义常量，而接口不能

C. 抽象类可以包含具体实现的方法，而接口不能

D. 抽象类可以声明变量，而接口不能

10. 以下是一个类的声明，其中有两个成员属性，对成员属性正确的赋值方式是（　　）。

```
<?php
Class Demo {
Private $one; Static $two;
Function setOne ( $value ) {
$this->one=$value; } }
$demo=new Demo( );   ?>
```

A. $demo->one="abc";　　　　　　　　B. Demo::$two="abc";

C. Demo::setOne("abc");　　　　　　　　D. $demo->two="abc";

二、填空题

1. 面向对象的三大特性分别是_____、_____、_____。

2. 定义普通类的关键字是_____，类继承的关键字是_____。

3. 定义接口类的关键字是_____，实现接口类的关键字是_____。
4. 能自动载入类文件的魔术函数是_____。
5. 用关键字_____修饰的类不能再被继承。

三、应用练习

1. 请用面向对象的方法，编写程序，求圆的面积（实例化对象时，一个圆的半径为 10，一个圆的半径为 5）。应用练习程序运行结果如图 8-20 所示。

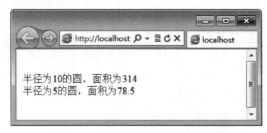

图 8-20　应用练习 1 程序运行结果

2. 编写一个父类 Person（人），包含 name（姓名）、sex（性别）两个成员变量，在构造函数中完成姓名与性别的初始化，再编写一个子类 Student 继承 Person，并包含 sid（学号）、class（班级）两个变量和构造函数，在子类中定义一个 print_info 方法，用来输出学生的全部信息。应用练习 2 程序运行结果如图 8-21 所示。

图 8-21　应用练习 2 程序运行结果

3. 利用接口知识实现以下多继承类：编写一个 teacher 类（教师），包含一个 teaching_design（教学设计）方法，一个 programmer 类（程序员），包含一个 programme（程序设计）方法，一个 ITTeacher 类（计算机老师），它同时继承 teacher 类的 teaching 方法与 programmer 类的 programme 方法，并且具有自己的 speech（演讲）方法。

在运行界面分别有"普通教师""程序员"与"计算机教师"三个按钮，应用练习 3 程序运行结果如图 8-22 所示。单击三个按钮时，分别输出的结果如图 8-23、8-24、8-25 所示。

图 8-22　应用练习 3 程序运行结果

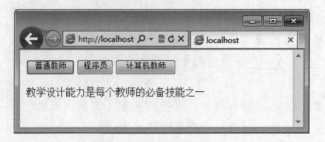

图 8-23　输出结果 1

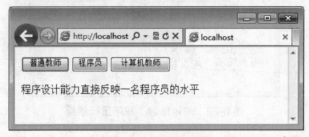

图 8-24　输出结果 2

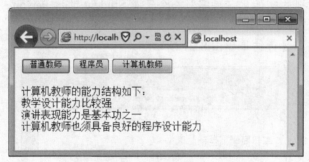

图 8-25　输出结果 3

第 9 章 PHP 与 Web 数据交互

B-S 模式的 Web 开发中,浏览器与服务器之间的数据交互,非常频繁,PHP 与 Web 数据交互是 Web 系统得以正常运行的重要基础。而 B-S 之间的数据交互,主要有两种方式:表单与 URL 参数。

表单是 Web 系统与用户进行数据交互的唯一方法,用户通过表单提交自己的数据,系统即通过表单获取用户数据。

URL 参数是 Web 系统的不同文件之间进行数据传递的重要方法之一,它实现了 HTTP 协议下,不同文件之间的数据共享。

 ## 9.1 表单数据的处理

文本框类控件　　列表框类控件　　数组类控件

9.1.1 获取表单控件的值

表单是指 HTML 语言中,<form></form>标签及相关的一系列用于数据交互的控件,如文本框、按钮、列表框等。Web 系统用户通过这些控件,将数据提交到服务器,PHP 程序即通过获取这些控件的值,得到用户的数据,将处理的结果返回到客户端的浏览器。这一过程,形成了 B-S 之间的数据交互。

PHP 获取表单中各种控件的值时,都是通过这些控件的 name 属性与 value 属性,但对不同类型的控件,在获取其值时,具体方法有所不同。

注意:

表单数据的提交方式有 post 与 get 两种,默认采用 post 方式。本书所有表单数据处理操作,都按 post 方式。

post 方式提交表单数据时,表单的数据不会显示在浏览器的地址栏中。使用 get 方式提交表单数据时,表单数据的内容会以明文显示在浏览器的地址栏中,而且使用 get 方式提交的数据,存在长度限制,post 方式则没有限制。

1. 文本框类控件

HTML 中,文本框类的控件包括文本框、密码框与文本区域。对应的 HTML 标签代码如下:

```
<input type="text" name="u_id" id="u_id" />
<input type="password" name="u_pass" id="u_pass" />
<textarea name="u_about" id="u_about" ></textarea>
```

PHP 获取此类控件的值的语法格式如下：

```
$var=$_POST['control_name'];
```

$var 表示存储数据的变量名，control_name 表示要处理的表单控件名。

【例 9-1】获取用户在文本框中输入的数据，并输出显示结果。

```
<form id="form1" name="form1" method="post" action="">
    账号：<input type="text" name="u_id" id="u_id" /><br />
    密码：<input type="password" name="u_pass" id="u_pass" /><br />
    描述：<textarea name="u_about" id="u_about" cols="45" rows="5"></textarea><br />
    <input type="submit" id="button" name="send" value="提交" />
</form>
<?php
    if(isset($_POST['send']))      //判断提交按钮是否单击
    {
        $uname=$_POST['u_id'];//获取账号
        $upass=$_POST['u_pass'];//获取密码
        $udes=$_POST['u_about'];//获取描述
        //输出数据
        echo "你的账号：".$uname."<br>";
        echo "你的密码：".$upass."<br>";
        echo "你的描述：".$udes;
    }
?>
```

例 9-1 程序中的 if(isset($_POST['send']))语句，是判断用户是否单击了"提交"按钮的常用方法。$_POST 是一个数组，每个表单控件是这个数组的一个元素，如果某个控件名不存在，即$_POST 中不存在对应的元素。按钮控件比较特殊，只有用户单击该控件，PHP 才能获取它的值。因此可以通过判断某个按钮的值是否存在而得知该按钮是否被单击。例 9-1 程序运行结果分别如图 9-1、9-2 所示。

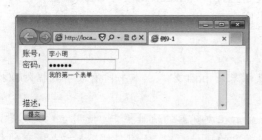

图 9-1　单击"提交"按钮前的效果图

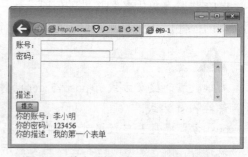

图 9-2　单击"提交"按钮后的效果图

 注意：

也可将表单与表单数据的处理程序分别写到两个文件中，通过表单的 action 属性指定表单数据的处理文件。具体可自行思考实现或参考慕课视频。

本节内容，可参考慕课《文本框类控件》进行学习。

2. 列表类控件

HTML 的列表控件标签是<select></select>，由若干个列表项<option>组成，每个<option>有各自的值。获取此类控件值通过<select>标签的 name 属性，获取的是被选择的<option>项的 value 值。

【例 9-2】获取并输出用户的"学历"。

```
<form id="form1" name="form1" method="post" action="">
    学历：
        <label for="edu"></label>
        <select name="edu" id="edu">
          <option value="博士">博士研究生</option>
          <option value="硕士">硕士研究生</option>
          <option value="学士">本科</option>
          <option value="大专">大专</option>
        </select>
    <br />
    <input type="submit" id="button" name="send" value="提交" />
</form>
<?php
    if(isset($_POST['send']))    //判断是否单击"提交"按钮
    {
        $edu=$_POST['edu'];//获取学历
        //输出数据
        echo "你的学历是："  .$edu;
    }
?>
```

本节内容，可参考慕课《列表类控件》进行学习。

3. 数组类控件

HTML 中的数组类控件有单选按钮组与复选按钮组。这两类控件的共同之处是将多个选项作为一个共同体存在，使用同样的 name 值，用不同的 id 值区分。不同的是，由于单选按钮组中无论有几个选项，都只能选一个，因此提交服务器的数据是单一的，而复选按钮组可以选择一个或多个选项，因此提交服务器的数据是不确定的。因此，PHP 在获取这两类按钮的值时，处理方法有所不同。

在获取单选按钮组的值时，PHP 依然将按钮组看作一个按钮，因为每次只能选择一个。而在获取复选按钮组的值时，PHP 将按钮组看作一个数组，每个选项是数组的一个元素，如果选项被选择，就相当于数组中增加了一个元素，如果所有选项都没有选择，则是一个空数组。

在输出数据时，单选按钮组的值按普通变量输出即可，而复选按钮组需要使用数组遍历。

【例 9-3】获取性别与爱好。本例完整代码可通过扫描封面二维码下载。

例 9-3 程序中存储复选按钮组数据的$interest 是一个数组，其中的元素，根据复选按钮组 inte[ ]的选择决定。例 9-3 程序运行结果如图 9-3、9-4 所示。

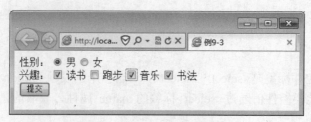

图 9-3　例 9-3 程序运行结果 1

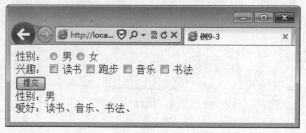

图 9-4　例 9-3 程序运行结果 2

 注意：

在 HTML 中给复选按钮组命名时必须使用数组形式 inte[　]，但在 PHP 程序中，该按钮组名不能使用数组形式，只能使用普通变量名形式，如例 9-3 程序的$_POST['inte']。

HTML 表单的其他控件，如隐藏域(hidden)、日期时间（datatime）、图像域（image）等，都具有 name 属性与 value 属性，获取这些控件的值，都可以通过$_POST['name']的格式获取其 value 值。不再详述。

本节内容，可参考慕课《数组类控件》进行学习。

9.1.2　处理表单控件的值

1. 判断表单数据

判断表单数据主要通过判断表单中各个控件的值来实现，使用两个函数：empty( )函数与 isset( )函数。利用它们实现判断表单数据的语法格式如下：

```
empty($_POST['control'])
isset($_POST['control'])
```

其中，control 表示要判断的控件的 name 属性。

isset( ) 函数用于判断某个控件是否存在，如果控件的 name 属性不为空，isset($_POST['control'])就返回 true，表示该名称的控件存在。但如果控件是按钮，即必须单击按钮，isset($_POST['control'])才返回 true，否则依然返回 false。

empty( )函数用于判断控件的值是否为空，为空即返回 true，但如果控件不存在，也返回 true。

【例 9-4】提交表单后检查文本框的内容是否为空。

```
<form action="" method="post" name="form1">
    <input type="text" name="s" id="s">    <br>
    <input type="submit" name="button" id="button" value="提交" >
```

```
</form>
<?php
if(isset($_POST['button']))
{
    echo "你点击了按钮<br>";
    if(isset($_POST['s']))
    {
        echo "控件 s 存在<br>";
        if(empty($_POST['s']))
            echo "控件 s 的值为空";
        else
            echo "控件 s 的值为".$_POST['s'];
    }
}
?>
```

例 9-4 程序运行结果 1 如图 9-5 所示。虽然图 9-5 中按钮是存在的,但程序运行,如果单击 "提交" 按钮,isset($_POST['button'])的返回值依然是 false。

图 9-5 例 9-4 程序运行结果 1

单击 "提交" 按钮以后,isset($_POST['button'])的返回值是 true,例 9-4 程序运行结果 2 如图 9-6 所示。

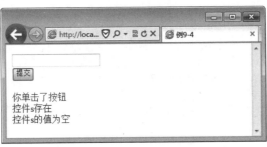

图 9-6 例 9-4 程序运行结果 2

将例 9-4 的 PHP 程序修改为如下程序:

```
<?php
if(isset($_POST['button']))
{
    echo "你点击了按钮<br>";
        if(empty($_POST['k']))
            echo "控件 k 的值为空或 k 不存在";
        else
            echo "控件 k 的值为".$_POST['k'];
```

```
        }
    ?>
```

由于 HTML 中不存在 name 为 k 的控件,因此,empty($_POST['k'])的返回值是 true。程序运行结果如图 9-7 所示。

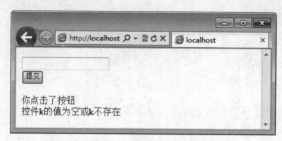

图 9-7 程序运行结果

2. 过滤表单数据

用户通过表单所提交的数据内容,是无法预计的,如果对这些用户数据不检查就直接使用,对 Web 系统可能造成安全威胁,或者其他危害。

【例 9-5】一个注册程序,原本提交用户名的文本框,如果输入的是一段 HTML 代码,那么程序在输出这个文本框的内容时,就会变为显示 HTML 代码所解释的内容,从而破坏页面美观。

```
<form action="" method="post" name="form1">
    用户名:
        <input type="text" name="uname" id="uname">
        <br>
        <input type="submit" name="button" id="button" value="提交" >
</form>
<?php
if(isset($_POST['button']))
{
    if(!empty($_POST['uname']))
        echo "用户名为: ".$_POST['uname'];
}
?>
```

正常填写用户名并提交时程序运行结果如图 9-8 所示。

图 9-8 正常填写用户名并提交时程序运行结果

但如果用户填写在文本框的是"<table border=1 width=150><tr><td>用户名</td><td>真实

姓名</td></tr></table>"这样一段 HTML 代码时，例 9-5 程序的运行结果如图 9-9 所示。

图 9-9　例 9-5 程序的运行结果

如果用户输入的内容是一些危险指令或带有安全威胁的脚本程序，那就更加危险。因此，对用户提交的数据，系统必须事先进行过滤处理，去除敏感字符，确保数据不会对系统造成负面影响。

对表单提交服务器的数据进行过滤，主要针对 HTML 标签及可能导致安全威胁的字符，可利用以下函数完成。

（1）nl2br( )函数。nl2br( )函数的作用是将字符串中的\n（换行符）换成 HTML 中的
，以达到在网页中换行的效果。

【例 9-6】nl2br( )函数的使用。

```
<?php
$str="when I was young \n I'd listen to the radio";
echo $str;
echo "<br>";
echo nl2br($str);
?>
```

例 9-6 程序运行结果如图 9-10 所示。

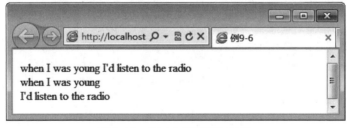

图 9-10　例 9-6 程序运行结果

（2）strip_tags( )函数。strip_tags( )函数的作用是去掉"<>"标签，由于 HTML 标签都写在"<>"中，因此，利用这些函数，可以使表单数据中的 HTML 标签失效。

【例 9-7】利用 strip_tags( )函数去掉 HTML 标签。

```
<?php
$str="<table border=1 width=200><tr><td>单元格</td><td>单元格</td></tr></table>";
echo $str;   //直接输出数据
echo "<br>";
```

```
echo strip_tags($str);    //过滤后输出
?>
```

例 9-7 程序运行结果如图 9-11 所示。

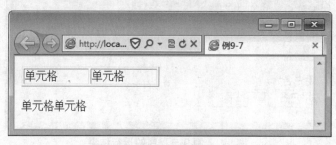

图 9-11 例 9-7 程序运行结果

（3）自定义过滤函数。除了上述两个函数以外，字符串中的一些函数，也可实现对表单数据的过滤处理。如 trim( )函数过滤数据中的空格，str_replace( )函数替换一些敏感字符等。可根据开发的实际需要，综合利用这些函数，自定义一个过滤函数，既保证数据格式的正确性，又保证数据的安全性。

【例 9-8】定义一个函数，用于处理表单中可能存在的非法因素。

```php
<?php
    //自定义过滤函数
    function form_deal($str)
    {
        $str=strip_tags($str);           //过滤 html 标签
        $str=str_replace("'","",$str);   //单引号
        $str=str_replace(";","",$str);   //分号
        $str=str_replace("|","",$str);   //分隔符
        $str=str_replace(" ","",$str);   //过滤全部空格
        //破坏 sql 语句
        $str=str_replace("and","",$str);     //and
        $str=str_replace("or","",$str); //or
        $str=str_replace("exe","",$str);     //过滤可执行程序
        $str=str_replace("where","",$str);   //破坏 sql 语句结构
        $str=str_replace("count","",$str);   //过滤统计
        $str=str_replace("select","",$str);
        $str=str_replace("insert","",$str);
        $str=str_replace("update","",$str);
        $str=str_replace("(","",$str);
        $str=str_replace(")","",$str);
        if($str=="")
        { echo "数据输入非法!";
            exit;
        }else
            return $str;
    }
?>
```

9.2 URL 参数的处理

HTTP 是一种无状态协议，因此，不同 Web 页面之间的数据，无法直接共用，必须采取一些间接机制。URL 参数就是其中一种比较常用的方法。从 A 页面跳转到 B 页面时，附带在 B 页面的 URL 后面进行传递的数据，称为 URL 参数。利用 URL 参数，可以方便地将数据从 A 页面传递到 B 页面。

1. URL 参数的设置

ULR 附带参数时，URL 与参数之间以？连接，可以附带一个参数，也可以附带多个参数，多个参数之间以&分隔。

【例 9-9】URL 参数的设置。

```
<a href="B.php?i=123">页面 B</a>
<a href="C.php?u=student&t=17&k=20">页面 C</a>
```

例 9-9 程序中，跳往页面 B 的链接中，设置了一个 URL 参数 i，其值是 123。跳往页面 C 的链接中，设置了三个 URL 参数，u、t 与 k，其值分别是 student、17 与 20。

 注意：

由于 URL 参数的值是以明文显示的，因此，重要的数据通常不采用 URL 参数传递，如果需要，应当加密以后再进行传递。

2. 获取 URL 参数值

在目标页面中，使用 PHP 的外部变量$_GET 获取 URL 参数值。其语法格式如下：

```
$_GET['tag_name']
```

其中，tag_name 是要获取的参数名。

【例 9-10】获取例 9-9 中 C 页面的 URL 参数值。

```
<?php
    //获取各个 URL 参数的值
    $iden=$_GET['u'];
    $grade=$_GET['t'];
    $age=$_GET['k'];
    //输出
    echo "身份： ".$iden;
    echo ",年级:".$grade;
    echo ",年龄： ".$age;
?>
```

例 9-10 程序运行结果如图 9-12 所示。

图 9-12　例 9-10 程序运行结果

⚠️ 注意：

URL 参数的内容，是直接提交服务器的，因此，用户完全可以通过浏览器的地址栏，直接修改 URL 参数的值，然后提交。这与表单数据一样，也是一个安全隐患，因此，程序在获取这些参数的内容后，也应当做严谨的过滤检查。

本节内容，可参考慕课《URL 参数的处理》进行学习。

3. urlencode( )函数

多个 URL 参数之间，使用&分隔，如果参数的值，也出现&等特殊字符，浏览器依然将其视为参数分隔符。因此，在设置 URL 参数时，最好使用 urlencode( )函数对参数值进行编码以后，再设置传递，避免造成转义错误。

【例 9-11】分别使用未经 urlencode( )函数编码的值与经过 urlencode( )函数编码的值设置 URL 参数。

```
<?php
    //设置 URL 参数的值
    $str1="this&is&url_tags";
    $str2=urlencode($str1);
    echo "<a href='9-12.php?A=".$str1."'>9-12</a>";//未编码的 URL
    echo "<br>";
    echo "<a href='9-12.php?A=".$str2."'>9-12</a>";//编码的 URL
?>
```

【例 9-12】获取 URL 参数中 A 的值。

```
<?php
    //获取 URL 参数的值
    $s=$_GET['A'];
    echo $s;
?>
```

运行例 9-11 程序以后，分别单击两个链接进入例 9-12 程序，未经编码的 URL 参数效果如图 9-13 所示，经过编码的 URL 参数效果如图 9-14 所示。

图 9-13　未经编码的 URL 参数效果

图 9-14　经过编码的 URL 参数效果

从图 9-13、9-14 可以看出，未经编码的 URL 参数 A=this&is&url_tags 在浏览器中，被解析成 1 个参数值及两个参数名，this 作为参数 A 的值，而 is 与 url_tags 则成为两个无值的参数名。经过 urlencode( )编码以后的 URL 参数值中的&符号被替换成 %26。

％在浏览器的 URL 中作为转义符存在，它用于对一些特殊的字符，进行转义处理。表 9-1 列举了浏览器的 URL 参数中，需要做转义处理的特殊字符，以及其对应的转义符。

表 9-1　URL 转义字符表

原字符	转义符
+	%2B
空格	%20
/	%2F
?	%3F
%	%25
#	%23
&	%26
=	%3D

 9.3　文件上传操作

通过客户端将文件上传到服务器，称为文件上传，这是 Web 程序中比较常见的操作之一。PHP 为用户提供了非常方便的文件上传操作，实现的代码也比较简单。

使用 PHP 的文件上传功能时，通常要在配置文件 php.ini 中先对上传操作做一些必需的设置，然后通过 PHP 的预定义变量$_FILES 获取文件的一些属性信息，并对其进行合法性判断，最后利用 PHP 的文件上传函数 move_uploaded_file( )将上传的文件移到服务器指定目录中，即可实现文件的上传。文件上传流程图如图 9-15 所示。

图 9-15　文件上传流程图

9.3.1　配置 php.ini 文件

php.ini 文件，有一些默认的设置，对文件的上传操作有很大的影响，为了保证文件上传的顺利进行，在进行文件上传操作之前，通常要先根据实际情况对这些设置，进行一定的修改。它涉及的主要内容如下（通过 phpStudy→其他选项菜单→打开配置文件）。

（1）file_uploads：该项的值如果为 on，表示服务器支持上传，如果为 off，则不支持。

（2）upload_tmp_dir：该项用于指定文件上传的临时目录，在文件上传成功之前，文件首先存放在该临时目录中，用户可以另外指定一个目录，如果未指定，则使用系统的默认目录。程序如下：

（3）upload_max_filesize：允许上传的最大文件值，单位是 MB。系统默认是 2MB，用户可以自定义大小。程序如下：

```
889 ; Maximum allowed size for uploaded files.
890 ; http://php.net/upload-max-filesize
891 upload_max_filesize = 2M
```

（4）max_execution_time：该选项用于指定一个 PHP 指令的最长执行时间，单位是秒。它的值，对文件上传的影响主要在于：如果文件容量太大，上传时间过长，就会超过指令的最长执行时间，这时指令会停止执行，从而导致文件上传失败。因此，通常对于大文件的上传，需要把 max_execution_time 的值设置得大一些。程序如下：

```
441 ; Maximum execution time of each script, in seconds
442 ; http://php.net/max-execution-time
443 ; Note: This directive is hardcoded to 0 for the CLI SAPI
444 max_execution_time = 30
```

（5）memory_limit：用于设置一个指令所分配的内存空间，单位是 MB。如果上传的文件容量较大，该项配置的值通常也需要调整得大一些，以便造成上传时间过长，脚本执行超时。程序如下：

```
463 ; Maximum amount of memory a script may consume (128MB)
464 ; http://php.net/memory-limit
465 memory_limit = 128M
```

（6）max_file_uploads：一次最多能上传的文件数。默认值是 20，用户可以自定义。程序如下：

```
893 ; Maximum number of files that can be uploaded via a single request
894 max_file_uploads = 20
```

以上配置选项，在 phpStudy 中，通常采用默认配置。

9.3.2 预定义变量$_FILES

$_FILES 变量是一个二维数组，在它的元素中，保存了文件上传时的一系列属性信息，并且使用不同的属性名作为数组元素的键名。通过这些键名对不同的元素进行访问，可以得到上传文件的各种属性值。它的主要元素列表及内容如下：

（1）$_FILES['myFile']['name']：客户端上传文件的原名。

（2）$_FILES['myFile']['type']：文件的类型。该项内容与浏览器环境紧密关联，例如，jpg 格式的文件，在 IE 浏览器中，类型值是 image/jpeg，而在火狐浏览器中是 image/pjpeg。

（3）$_FILES['myFile']['size']：已上传文件的大小，单位为字节。

（4）$_FILES['myFile']['tmp_name']：因为 PHP 默认先将文件上传到服务器的临时文件夹中（php.ini 文件的 upload_tmp_dir 设置），因此它也有一个临时的文件名，该名称则保存在 tmp_name 元素中。

（5）$_FILES['myFile']['error']：文件上传相关的错误代码。在文件上传的过程中，如果发生了错误，会返回一个错误码，保存在 error 元素中，通过该错误码的值，可以判断发生了何种错误。表 9-2 是不同错误码所代表的错误内容。

表 9-2　不同错误码所代表的错误内容

错误名	码值	内容含义
UPLOAD_ERR_OK	0	没有错误发生，文件上传成功
UPLOAD_ERR_INI_SIZE	1	上传的文件超过了 php.ini 中 upload_max_filesize 选项限制的值
UPLOAD_ERR_FORM_SIZE	2	上传文件的大小超过了 max_file_size 选项指定的值
UPLOAD_ERR_PARTIAL	3	文件只有部分被上传
UPLOAD_ERR_NO_FILE	4	没有文件被上传
	5	上传文件大小为 0

【例 9-13】在表单中上传文件，并返回文件上传的结果。

```
<form action="" method="post" enctype="multipart/form-data" name="form1" id="form1">
    请选择您要上传的文件：
    <label for="myfile"></label>
    <input type="file" name="myfile" id="myfile" />
    <input type="submit" name="button" id="button" value="提交" />
</form>
<?php
    if(!empty($_FILES))
    {
        echo "您所上传的文件：".$_FILES['myfile']['name']."<br>";
        echo "文件大小：".$_FILES['myfile']['size']."<br>";
        echo "文件类型：".$_FILES['myfile']['type']."<br>";
        echo "临时文件名：".$_FILES['myfile']['tmp_name']."<br>";
        echo "上传错误号：".$_FILES['myfile']['error'];
    }
?>
```

例 9-13 程序运行结果如图 9-16、9-17 所示。

图 9-16　例 9-13 程序运行结果 1

图 9-17　例 9-13 程序运行结果 2

> ⚠ **注意：**
> 用 PHP 进行文件上传操作时，有几点需要注意。
> ①文件上传结束后，只是暂时存储在临时目录中，必须将它从临时目录中移动到服务器的其他文件夹，才能完成真正的上传，否则脚本执行后临时目录的文件会被删除。不同操作系统的服务器环境，默认的临时目录不一样。
> ②用表单上传文件时，一定要设置属性"编码类型"的内容为="multipart/form-data"，否则用$_FILES[filename]获取文件信息时会出现异常。
> ③使用 post 方法上传表单数据，以保证文件安全上传。

9.3.3 move_uploaded_file( )函数

PHP 的 move_uploaded_file( )函数用于将临时目录中的文件，移动到其他目录下，从而完成文件的上传过程。其语法格式如下：

```
move_uploaded_file($filename，$upload_path)
```

其中，$filename 是保存在临时目录中的临时文件名，通过$_FILES 数组中的[tmp_name]获得；

$upload_path 用于指定文件移动的新路径，通常指定新的文件名。

文件移动成功后，函数返回 true，否则返回 false。

【9-14】上传容量 1MB 以内、类型为.jpg 或.gif 格式的图像文件。本例完整程序可通过扫描封面二维码获取。

本节内容，可参考慕课《图片上传程序》进行学习。

思考与练习

一、单项选择题

1. 用户提交下列表单控件的值时，可能出现意外隐患的是（　　）。

A. `<input type="radio">`　　　　　　B. `<input type="checkbox">`

C. `<input type="text">`　　　　　　　D. `<input type="button">`

2. $str="<div>mylabel</div>";strip_tags($str)的结果是（　　）。

A. mylabel　　　B. div mylabel /div　　C. 空　　　　D. divmylabel/div

3. 在 post 提交方式中，下列能正确获取复选框组数据的是（　　）。

A. $_POST['read']　　B. $_GET['read']　　C. $_POST['read[]']　　D. $_GET['read[]']

4. 以下表单控件中，必须用数组形式命名的是（　　）。

A. `<input type="radio">`　　　　　　B. `<input type="checkbox">`

C. <input type="text">　　　　　　　　D. <input type="button">

5. 要在一个 URL 中附带两个参数值，必须使用以下哪些符号？（　　）。

A. ? %　　　　　B. & %　　　　　C. ? &　　　　　D. ? +

二、应用练习

1. 利用相关知识，编写程序设计一个"大学生基本情况问卷调查"页面。要求：

（1）数据填写与数据显示分为两个页面进行，数据填写页面如图 9-18 所示，数据提交成功页面如图 9-19 所示。

（2）未填写完整的数据，给出错误提示，数据不完整提示页面如图 9-20 所示。

（3）调查数据可能导致意外的数据，必须过滤 HTML 格式。

（4）页面布局工整、清晰，中文字符显示正确，无乱码。

图 9-18　数据填写页面

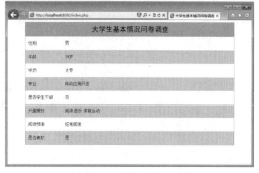

图 9-19　数据提交成功页面

图 9-20　数据不完整提示页面

2. 编写程序实现用户注册，要求在 register.html 页面中填写个人完整的姓名、密码、性别、电话，并可选择上传个人头像图片（jpg 格式，大小不大于 200KB），用户注册页面如图 9-21 所示，并在 userinfo.php 页面中显示用户注册的信息，注册信息显示页面如图 9-22 所示。

图 9-21　用户注册页面

图 9-22　注册信息显示页面

3. 编写程序实现文件批量上传，允许用户动态增加、删除要上传的文件数，所有文件不得大于 1MB，文件类型不限，全部上传到根目录下的 files 目录中，上传以后每个文件以上传"时间戳 N"命名，其中 N 为文件在该批次上传列表中的序号，从 0 开始。批量上传页面如图 9-23 所示，批量上传成功页面如图 9-24 所示。

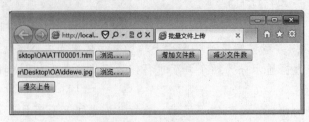

图 9-23　批量上传页面

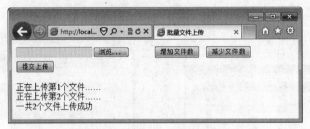

图 9-24　批量上传成功页面

第 10 章　Session 与 Cookie

Web 应用是通过 HTTP 协议在 Internet 上进行传输的，而 HTTP 协议是一种无连接、无状态的传输协议。

无连接是指在 HTTP 协议下，服务器每次连接只处理客户端的一个请求，处理完成并收到客户的应答后，即断开与该客户端之间的连接。无状态是指协议对于事务处理没有记忆能力，即客户端给服务器发送 HTTP 请求之后，服务器根据请求，将数据传送到客户端，传送完毕以后就不再记录任何信息。

例如，在一个系统登录验证的操作中，客户端通过访问 login.php 页面进行验证登录，验证通过以后，才能访问 manager.php 页面。

当服务器接收到客户端访问 login.php 的请求时，会将该页面传送到客户端，然后就断开与客户端的联系。客户端通过 login.php 填写用户信息，提交验证时，客户端必须重新向服务器发起访问 login.php 的请求，并同时将已填写的数据发送到服务器，服务器接收请求与数据，调用 login.php 中的程序处理完毕以后，根据验证的结果，决定是否将新页面（manager.php）传送回客户端。此时，login.php 所有的数据在 manager.php 中已不存在，即 manager.php 并不清楚，用户信息在 login.php 中是否已经通过验证，客户端此时在 manager.php 中也无法直接访问 login.php 中的数据信息，因为服务器与客户端之间关于 login.php 之间的所有信息已经消失。

HTTP 协议的这种特点，意味服务器与客户端之间是一种"一次性、非持续性"的联系。这就导致另一个问题：Web 应用程序中，如果一个问题的解决，需要在一段时间内，保留一个数据或保持一种交互状态，就必须解决这种协议特点所带来的制约。

Session 与 Cookie 就是为解决此问题而引入的技术机制。

 ## 10.1　Session

session 的注册与释放　　session

Session 也叫会话，当客户端向服务器第一次发起会话请求时，服务器为该会话随机生成一个唯一的标志——session_id，并以此为文件名，将客户端提交的信息保存下来，这样即使客户端与服务器的会话暂时中断，在一定时间内（默认是 24 分钟），客户端的一些信息可以继续保留在服务器上，直到会话恢复。Session 也可实现客户端在不同页面之间跳转时，各种信息的共享。

10.1.1 Session 的注册与使用

在 PHP 中,Session 相当于一个数组,可以保存用户不同的信息。利用 Session 保存数据的语法格式如下:

```
$_SESSION['var_name']=value;
```

此处的 var_name 表示 Session 变量名,无须加$。

需要注意的是每次使用 Session 变量时,必须先启动 Session 会话:

```
session_start( );
```

【例 10-1】在 10-1A.php 程序中设置一个普通变量$A,一个 Session 变量 B,都保存一个用户信息"mysession",然后在 10-1B.php 程序中输出这两个变量的信息。

【10-1A.php】

```php
<?php
    session_start( );        //开启会话状态
    $A="mysession";
    $_SESSION['B']="mysession";
    echo "<a href='10-1B.php'>输出</a>";
?>
```

【10-1B.php】

```php
<?php
    session_start( );        //打开会话状态
    echo '普通变量 A 中的信息是'.$A."<br>";
    echo "session['B']中的信息是:".$_SESSION['B'];
?>
```

例 10-1 中客户端访问 10-1A.php 以后,服务器将"mysession"分别保存到普通变量$A 与 Session 变量 B 中,并向客户端的浏览器输出一个指向 10-1B.php 的链接,至此,10-1A.php 程序运行完毕,服务器与客户端之间的会话也结束,$A 内存被服务器回收,但 Session 即在 24 分钟内被保留。10-1A.php 程序运行效果如图 10-1 所示。

图 10-1 10-1A.php 程序运行效果

用户通过单击浏览器中的链接,向服务器发出访问 10-1B.php 的请求时,一次新的会话开始。但 10-1B.php 中并不存在普通变量 A,是未定义的变量。而服务器检测到是同一个浏览器发送的访问请求,即调出该客户端之前访问且保存在$_SESSION['B']中的信息,正常输出。10-1B.php 程序运行效果如图 10-2 所示。

图 10-2 10-1B.php 程序运行效果

 注意：

Session 变量的信息，默认 24 分钟内都保留在服务器上，但如果客户端关闭浏览器，该信息将失效。因为客户端再次打开浏览器发起访问请求时，服务器将为该浏览器重新生成新的 session_id。

10.1.2 Session 的释放

如果用户的信息并不需要在服务器上保留 24 分钟，也可根据程序的需要，随时释放 Session 中的信息，方法有两种。

（1）释放部分 Session 信息，使用变量释放函数：

    unset($_SESSION['变量名'])

（2）销毁所有的 Session 信息，使用 Session 销毁函数：

    session_destroy( );

使用第（1）种方法时，客户端在服务器的 session_id 依然存在，只是其中某些 Session 变量的数据被删。使用第（2）种方法时，客户端在服务器的 session_id 将被清除，所有的 Session 数据都会丢失。

【例 10-2】使用 Session 判断用户是否登录，并注销用户、退出登录。

```php
<?php
    session_start( );//开启会话状态
    if(isset($_GET['oid'])&&$_GET['oid']==0)
    {
        session_destroy( );   //销毁会话对象
        header("location:10-2.php");
    }
    if(isset($_SESSION['UNAME'])&&$_SESSION['UNAME']!='')
    {
        echo "欢迎您".$_SESSION['UNAME'];
        echo "  ";
        echo "<a href='10-2.php?oid=0'>退出登录</a>";
    }
    else
    {
```

```
            echo "你尚未登录，请先登录<br>";
    echo <<<AA
        <form action="" method="post" name="form1" id="form1">
            用户名:<label for="uname"></label>
            <input type="text" name="uname" id="uname" />
            <input type="submit" name="submit" value="提交"  >
        </form>
AA;
    }
        if(isset($_POST['submit']))
        {
            $_SESSION['UNAME']=$_POST['uname'];  //存储用户名
            header("location:10-2.php");         //跳转刷新
        }
?>
```

例 10-2 程序利用$_GET 变量获取 URL 参数 oid 的值，并根据该值判断是否需要执行"退出登录"操作，即 session_destroy( )语句。根据$_SESSION['UNAME']的值，判断用户是否登录，并显示相应的内容。

例 10-2 程序运行以后初始化结果如图 10-3 所示。

图 10-3　例 10-2 程序运行以后初始化结果

在图 10-3 中填入用户名"sunking"并单击"提交"按钮，用户登录效果图如图 10-4 所示。

图 10-4　用户登录效果图

在图 10-4 中单击"退出登录"，退出登录效果图如图 10-5 所示。

图 10-5　退出登录效果图

 注意：

如果客户端的浏览器禁用 Cookie，那么 Session 功能就失效，也就意味使用 Session 无法在页面之间传递数据。这是因为客户端向服务器发出请求时，Session 会为客户端产生一个

session_id，该 id 在整个 Session 的有效期内都是唯一的，服务器根据该 ID 判断另一个页面请求是该客户端还是别的客户端，从而决定其他的 Session 变量值是否需要传递到其他页面。如果禁用了 Cookie，客户端的每个页面请求都是一次新的会话，都会产生一个新的 ID，对于服务器而言，意味一次新的会话，因此，Session 的其他变量值也就不会再传递。

禁用 Cookie 前、后的示意图分别如图 10-6、10-7 所示。

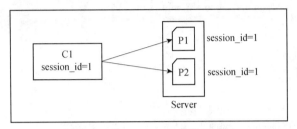

图 10-6　禁用 Cookie 前的示意图

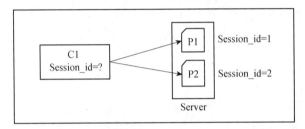

图 10-7　禁用 Cookie 后的示意图

本节内容，可参考慕课《session 的注册与释放》进行学习。

10.1.3　设置 Session 的生命期

PHP 对 Session 的有效时间默认是 24 分钟。可以根据需要，重新设置 Session 的生命期。使用 setcookie 函数改变 Session 的有效时间，其语法格式如下：

```
setcookie(name,value,[expire,path,domain,secure])
```

其中，name 表示 cookie 的名称，必填参数，一般使用函数 session_name( )获取；
value 是指 cookie 的值，可选参数，可以用 session_id( )获取；
expire 是指 cookie 的过期时间，可选，以秒为单位；
path 是指 cookie 信息的存储路径，可选参数；
domain 是指 cookie 的域名，可选参数；
secure 用于规定是否通过安全的 HTTPS 连接来传输 cookie，可选参数。

【例 10-3】设置一个 Session 的有效期是 1 分钟。

```
<?php
    session_start( );//开启会话状态
    if(isset($_SESSION['UNAME'])&&$_SESSION['UNAME']!='')
    {
        echo "欢迎您".$_SESSION['UNAME'];
    }
    else
```

```
            {
                    echo "你尚未登录,请先登录<br>";
        echo <<<AA
                <form action="" method="post" name="form1" id="form1">
                    用户名:<label for="uname"></label>
                    <input type="text" name="uname" id="uname" />
                    <input type="submit" name="submit" value="提交"  >
                </form>
AA;
            }
                if(isset($_POST['submit']))
                {
                    $time=60;     //60 秒的 Session 有效期
                    setcookie(session_name( ),session_id( ),time( )+$time);
                    $_SESSION['UNAME']=$_POST['uname']; //存储用户名
                    header("location:10-3.php");        //跳转刷新
                }
        ?>
```

登录效果图如图 10-8 所示。Session 过期的效果图如图 10-9 所示。

图 10-8 登录效果图

图 10-9 Session 过期的效果图

 注意:

可以通过 php.ini 文件中的 session.gc_maxlifetime 来配置 Session 的有效期,但前提是具备服务器的 php.ini 配置权限。

10.1.4 设置 Session 的保存位置

客户端的 Session 信息以文件的形式保存在服务器的某个目录下。可以在 php.ini 文件中,查看当前默认的 Session 保存路径。

【例 10-4】显示当前客户端的 session_id,然后在 tmp 目录下找出相应的文件。

```
<?php
    session_start( );
    $_SESSION['url']="www.hzc.edu.cn";
    echo "session_id1:".session_id( )."<br>";
?>
```

例 10-4 程序运行结果如图 10-10 所示。

图 10-10　例 10-4 程序运行结果

通过计算机的资源管理器，打开 php 安装目录下的 tmp 目录，可以看到一个以不同客户端的 session_id 命名的文件列表，以 session_id 命名的文件列表如图 10-11 所示。

图 10-11　以 session_id 命名的文件列表

用记事本打开图 10-11 选择的文件，Session 文件的内容如图 10-12 所示。

图 10-12　Session 文件的内容

如果要改变 Session 文件在服务器上的保存位置，可以使用 session_save_path( ) 函数实现，其语法格式如下：

```
session_save_path("path")
```

【例 10-5】改变 Session 文件的保存位置。

```
<?php
    session_save_path('E:\23\session');
    session_start( );
    $_SESSION['url']="www.hzc.edu.cn";
    echo "session_id 是:".session_id( )."<br>";
    echo "session 保存路径："  .session_save_path( );
?>
```

例 10-5 程序运行结果如图 10-13 所示。

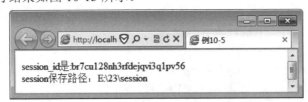

图 10-13　例 10-5 程序运行结果

打开资源管理器对应的路径,可以找到程序保存的 Session 文件,如图 10-14 所示。

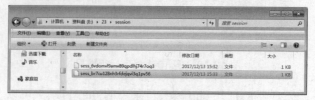

图 10-14　程序保存的 Session 文件

 注意:

用 session_save_path( )函数改变 Session 文件的存储路径,只在当前文件有效,离开当前文件以后,如果没有另外的路径,服务器依然将 Session 文件保存在 php.ini 配置文件的默认路径下。

本节内容,可参考慕课《SESSION》进行学习。

10.2　Cookie

cookie

Session 主要将会话信息保存在服务器上,缺点是当用户关闭浏览器以后,会话信息就丢失,新的会话无法继续使用这些信息。

Cookie 则改变这一模式,它将用户的会话信息保存在客户端的计算机硬盘中,并允许用户给这些信息设置一个有效期限,只要还在有限期限内,在同一台机器上,用户可以任意关闭、启动浏览器,重复向服务器发起会话请求,这些信息都继续有效。

10.2.1　Cookie 的创建

创建一个 Cookie 就是将一个会话信息保存到客户端硬盘中(具体路径在 php.ini 文件中可以配置),其语法格式如下:

```
setcookie(name, value[, expire, path, domain]);
```

其中,name 参数可以理解为 Cookie 变量名,必填参数;

value 参数是 name 的值,即要保存在客户端的会话信息内容,必填参数;

expire,可选参数,是指该 Cookie 信息的有效期,如果不设置,则会话信息只是暂时保存在客户端的内存中,关闭浏览器,信息也随之消失,单位是秒;

path 是指 Cookie 的有效路径,如果没有,则在整个网站根目录下有效;

domain 是指 Cookie 的有效域名,可选参数。

【例 10-6】实现将用户名与密码保存在 Cookie 中,用户名的有效期是 1 周,密码的有效期是 3 天,在当前域名的整个根目录下有效。

```
<?php
    setcookie("uname","admin",time( )+24*60*60*7);
    setcookie("upass","admin888",time( )+24*60*60*3);
    print_r($_COOKIE);   //输出 Cookie 信息
?>
```

例 10-6 程序运行结果如图 10-15 所示。

图 10-15　例 10-6 程序运行结果

 注意：

初次创建 Cookie 时，Cookie 值在当前的页面是无法生效的，必须在当前页面结束以后，才能生效。因此，图 10-15 的内容是浏览器刷新一次的结果。

Cookie 保存在客户端计算机的硬盘上，因此可以在本地硬盘相应的路径位置，找到 Cookie 文件，Cookie 文件列表如图 10-16 所示。

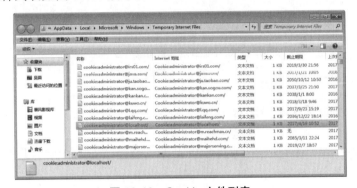

图 10-16　Cookie 文件列表

打开 Cookie 文件，Cookie 文件内容如图 10-17 所示。

图 10-17　Cookie 文件内容

 注意：

由图 10-17 可见，Cookie 保存信息时，是以明文保存的，存在一定的安全隐患。因此，保存密码之类的隐私信息时，最好加密。

10.2.2　Cookie 信息的读取

保存用户会话信息是为了再次会话时能够继续使用，因此在需要的时候，要将 Cookie 中的信息读取出来，提交服务器。

读取客户端中的某项 Cookie 信息，使用 $_COOKIE[　] 变量，其语法格式如下：

```
$_COOKIE['var']
```

其中，var 是必填参数，指明需要提取的 Cookie 变量名。

【例 10-7】将例 10-6 的用户名与密码提取出来，并输出。

```php
<?php
    if(isset($_COOKIE['uname']))
        $username=$_COOKIE['uname'];    //提取用户名
    if(isset($_COOKIE['upass']))
        $userpass=$_COOKIE['upass'];    //提取密码
    echo "用户名是".$username."<br>";
    echo "用户密码是".$userpass;
?>
```

例 10-7 程序运行结果如图 10-18 所示。

图 10-18　例 10-7 程序运行结果

10.2.3　删除 Cookie

Cookie 保存的信息，在到达指定的有效期以后，会自动失效，也可以根据需要随时删除。删除 Cookie 信息使用 setcookie( ) 函数。不同的是将 Cookie 的有效时间设置为过期（即让 Cookie 失效）。setcookie( ) 函数语法格式如下：

    setcookie(name,"",time( )-val)

【例 10-8】设置 Cookie 失效。

```php
<?php
    setcookie('uname',"",time( )-3600);    //让 Cookie 在一小时前失效
    if(isset($_COOKIE['uname']))
        echo "用户名是".$_COOKIE['uname']."<br>";    //输出用户名
    else
        echo "cookie 已失效";
?>
```

例 10-8 程序运行结果如图 10-19 所示。

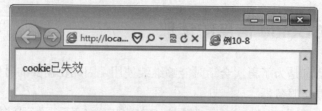

图 10-19　例 10-8 程序运行结果

注意：

图 10-19 是刷新一次页面以后才能显示的结果。

本节内容，可以参考慕课《cookie》进行学习。

10.3　Session 与 Cookie 的应用

本节综合 Session、Cookie、数组等知识点，实现一个简洁版的网上书城。它要求用户必须先通过登录验证才能将商品添加到购物车，用户的登录信息与购物车信息保存在 Cookie 中，有效期是 15 天。

程序包含了三个文件：Index.php(商城首页)、Login.php(登录验证页)与 Shopcar.php(购物车页面)。完整代码通过扫描封面二维码获取。

网上书城程序流程图如图 10-20 所示。

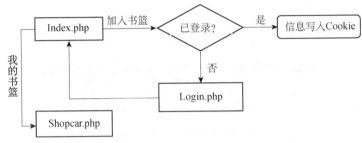

图 10-20　网上书城程序流程图

 注意：

本例目的仅在于示范 Session 与 Cookie 的用法，没有使用数据库，所有的数据，都是临时的，对系统数据的严谨性也不做处理。

本节内容，可以参考慕课《简易网上书城》进行学习。

思考与练习

简易网上书城（1）　简易网上书城（2）　简易网上书城（3）　简易网上书城（4）

应用练习

1. 请编写一个验证码程序，要求如下：
（1）每个验证码由 4 个随机字符组成，由大写英文字母与阿拉伯数字 1~9 构成；
（2）每个验证码的有效时间是 30 秒；
（3）每次输入错误以后，重新产生新的验证码。

2. 请编写在线考试程序，题型分别为单选题、多选题与填空题，要求：
（1）考生单击"保存"按钮以后，考生的答案临时保存 90 分钟；
（2）考生意外退出考试（关闭浏览器），再登录系统时，原来保存的答案必须正确存在；
（3）考生单击"交卷"按钮以后，系统自动评卷并给出考生的总分。

在线考试程序页面如图 10-21 所示。系统评分页面如图 10-22 所示。

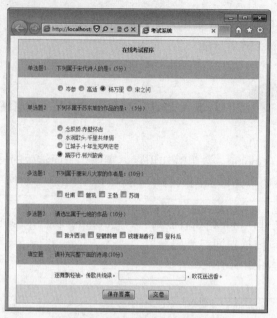

图 10-21　在线考试程序页面

图 10-22　系统评分页面

第 11 章 文件系统

文件是信息系统存取数据的重要方式之一,并且与数据库相比,使用文件进行数据存取更加方便,但是,缺点是不适用于大规模的数据管理。PHP 提供一系列强大、丰富的文件管理操作方法,以及与目录操作有关的方法,利用这些函数,可以方便地实现文件管理与操作。

此外,在 Web 系统中,用户上传自己的文件到服务器也是常见的操作,PHP 提供一套方便的文件上传支持机制。

 11.1　目录操作

11.1.1　打开文件夹

浏览文件夹　　创建文件夹　　删除文件夹　　文件夹重命名

1. opendir( )函数

打开一个文件夹,通过 opendir( )函数实现,其语法格式如下:

```
opendir($path)
```

其中,$path 是必填参数,指定要打开的文件夹的合法路径。如果成功打开该路径指定的文件夹,函数返回一个指向该目录的指针,指针是一个文件号,也称"句柄";如果路径不合法或者其他原因导致打开该文件夹失败,函数返回 false,并产生错误信息。可以根据需要在 opendir( )函数前加@屏蔽错误信息的输出。

【例 11-1】打开 E 盘中的"sourcecode"文件夹。

```php
<?php
    $d=opendir("E:\\sourcecode");      //注意路径的正确写法
    echo $d;
?>
```

例 11-1 程序运行结果如图 11-1 所示。

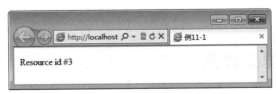

图 11-1　例 11-1 程序运行结果

"#3"即为opendir( )函数返回的指针,可以通过该数字指定要操作的文件夹。

如果路径不合法(不存在、写法错误或没有权限操作),程序运行则会出错。

【例11-2】打开一个错误的目录路径。

```php
<?php
    opendir("E:\\php_site\15"); //路径的写法错误,需要用转义符\
?>
```

例11-2程序运行结果如图11-2所示。

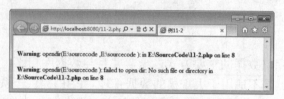

图11-2 例11-2程序运行结果

 注意:

路径中包含转义符\,使用双引号注明路径时,需要进行转义处理。

另外,需注意区别在程序设计中打开目录或文件与在GUI环境下(如Windows操作系统)打开目录或文件的区别,程序中的打开是指操作指针指向某个目录或获得某个文件的操作权限,而不是在GUI环境下显示一个窗口。

2. is_dir( )函数

由于路径的正确性,直接影响文件夹的打开操作是否成功,因此,通常在打开一个文件夹之前,先判断一下该文件夹的路径是否正确。is_dir( )函数的作用就是判断一个路径字符串是否为合法文件夹,其语法格式如下:

```
is_dir($path)
```

如果$path是一个合法的目录路径,函数返回true,否则返回false。

【例11-3】打开目录之前,先检查该目录是否合法。

```php
<?php
    $path='E:\php_site\15';
    if(is_dir($path))
        {    if(opendir($path))
                echo "目录打开成功";
        }
    else
        {echo "路径非法";
         exit;
        }
?>
```

11.1.2 浏览文件夹

文件夹打开以后,便可以读取其中的所有文件。PHP中读取一个文件夹中所有的文件、文件夹可以通过 readdir( )函数或 scandir( )函数实现。

1. readdir( )函数

readdir( )函数是读目录函数，其功能是读取已打开的文件夹中的一个文件名（或文件夹名），其语法格式如下：

```
readdir($dir_hand)
```

其中，$dir_hand 是已打开的文件夹的指针。如果读取成功，函数返回读取的文件名，如果读取失败，则返回 false。

【例 11-4】读取并输出 E:\website\目录中的所有内容条目。

```php
<?php
    $path='E:\website';
    if(is_dir($path))
        {
            $dir_id=opendir($path);         //打开目录
            echo $path ."目录列表<br>";
            while ($f_list=readdir($dir_id))
            {
                echo $f_list."<br>";}       //输出当前条目
                closedir($dir_id);    //操作完毕，关闭目录
            }
    else
            echo "路径非法";
?>
```

例 11-4 程序运行结果如图 11-3 所示。

图 11-3　例 11-4 程序运行结果

 注意：

readdir( )函数返回的前两个字符是.和..，即使是空文件夹也返回这两个字符串，其中.表示当前目录，..表示上一级目录。

2. scandir( )函数

使用 scandir( )函数可以在不打开某个目录的情况下，一次性将该目录下的所有文件名、文件夹名扫描到一个数组中，并返回该数组。若扫描失败，则返回 false。scandir( )函数语法格式如下：

```
scandir($path，[sort])
```

其中，$path 是必填参数，用于指定要扫描的目录路径，如果该路径不是一个合法的目录路径，函数将返回 false 值，并输出一条错误信息；

sort 是可选参数，用于指定目录中条目的排序方式，0 为升序，1 为降序，默认值为 0。

【例 11-5】扫描 E:\website\的所有条目，并输出。

```php
<?php
    $path='E:\website';
    if(is_dir($path))
        {  echo $path ."目录列表:<br>";
            $f_list=scandir($path,1);    //扫描目录，降序排列
            foreach($f_list as $f)       //遍历输出条目
                echo $f."<br>";
        }
    else
        echo "路径非法";
?>
```

例 11-5 程序运行结果如图 11-4 所示。

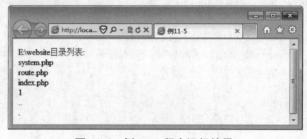

图 11-4　例 11-5 程序运行结果

 注意：

需要区别的是，使用 scandir( )函数之前，不需要事先打开要扫描的文件夹，而使用 readdir( )函数则需要。

本节内容，可参考慕课《浏览文件夹》进行学习。

11.1.3　操作文件夹

对文件夹的操作，包括新建文件夹、删除文件夹、重命名文件夹、获取当前文件夹、改变当前文件夹等。

1. 新建文件夹

新建文件夹操作通过 mkdir( )函数实现，其语法格式如下：

mkdir($path, [mode][, multistep])

其中，$path 是必填参数，指定要新建的文件夹路径与名称，用.\表示当前文件夹，用..\表示上一级文件夹；

mode 是可选参数，用于声明所新建的文件夹的权限，是一个八进制的数字（以 0 开头），

默认是 0777，表示最高权限；

multistep 是可选参数，用于声明是否进行多级文件夹新建。默认是 false，如果需要支持多级新建，将该值设为 true。

新建目录成功，函数的返回值是 true，否则返回 false。

【例 11-6】在 E:\website\下新建文件夹 myfolder。

```php
<?php
    $path='E:\website\newfolder';
    if(is_dir($path))
        echo "文件夹已经存在";
    else
        {
            mkdir($path);    //新建文件夹
            echo "新建文件夹成功";
        }
?>
```

例 11-6 程序不进行多级文件夹新建，因此前提条件是 E:\website\已经存在，否则就会新建失败。如果在一个并不存在的文件夹路径中采用非多级文件夹方式新建新目录，新建操作将失败。

【例 11-7】E:\中的 myphp 与 newfolder 都不存在，采用非多级文件夹方式创建这两个目录。

```php
<?php
    $path="E:\\myphp\\newfolder";    //服务器中不存在 E:\myphp
    if(is_dir($path))
        echo "文件夹已经存在";
    else
        {
            if (mkdir($path))    //创建文件夹
                echo "新建文件夹成功";
            else
                echo "新建文件夹失败";
        }
?>
```

例 11-7 程序运行结果如图 11-5 所示。

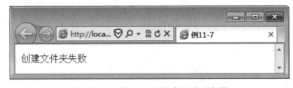

图 11-5　例 11-7 程序运行结果

【例 11-8】将例 11-7 中的程序修改为多级文件夹新建。

```php
<?php
    $path="E:\\myphp\\newfolder";    //服务器中不存在 E:\myphp 这个路径
    if(is_dir($path))
        echo "文件夹已经存在";
```

```
            else
            {
                if (mkdir($path,0777,true))        //新建多级目录
                    echo "新建文件夹成功";
                else
                    echo "新建文件夹失败";
            }
?>
```

例11-8程序运行后,先在E盘创建一个myphp的文件夹,再在myphp中创建一个newfolder文件夹。例11-8程序运行结果如图11-6所示。

图11-6　例11-8程序运行结果

本节内容,可参考慕课《创建文件夹》学习。

2. 删除文件夹

删除文件夹使用的是 rmdir( )函数,其语法格式如下:

```
rmdir($path)
```

其中,$path 是必填参数,指定要删除的文件夹,如果是多级目录组成的路径,删除最后一级目录。

如果文件夹删除成功,函数返回 true,否则返回 false。

【例 11-9】删除 E:\websit 中的 newfolder 文件夹。

```
<?php
    $path="E:\\php_site\\newfolder";
    if(is_dir($path))
        {
            $rm=rmdir($path);     //删除文件夹
            if($rm==true)
                echo "文件夹删除成功";
            else
                echo "文件夹删除失败";
        }
    else
        echo "文件夹不存在";
?>
```

需要注意的是,指定要删除的文件夹必须是空的,并且用户具备操作的权限,才能成功删除,否则删除失败,并产生一条错误信息。

【例 11-10】删除 E:\website 文件夹,该文件夹不为空。

```
<?php
    $path="E:\\website";
    if(is_dir($path))
```

```
            {
                $rm=rmdir($path);    //删除文件夹
                if($rm==true)
                    echo "文件夹删除成功";
                else
                    echo "文件夹删除失败";
            }
        else
            echo "文件夹不存在";
?>
```

例 11-10 程序运行结果如图 11-7 所示。

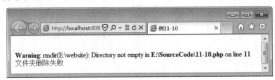

图 11-7　例 11-10 程序运行结果

由图 11-7 可以看到，程序给出"Directory not empty…"（目录非空）的错误提示。

本节内容，可参考慕课《删除文件夹》进行学习。

3. 重命名文件夹

对一个文件夹重命名用 rename( )函数，其语法格式如下：

```
rename($o_path,$n_path)
```

其中，$o_path 用于指定需要重命名的文件夹，$n_path 用于指定新文件夹名。若操作成功，函数返回 true，否则返回 false。

【例 11-11】将 E:\myphp 下的 newfolder 文件夹重命名为 mydir。

```
<?php
    $old_path="E:\\myphp\\newfolder";
    $new_path="E:\\myphp\\mydir";
    if(rename($old_path,$new_path))
        {echo "文件夹重命名成功";}
    else
        {echo "重命名失败";}
?>
```

使用 rename( )函数，还可以实现剪切文件夹的操作。

【例 11-12】将 E:\myphp\下的 images 文件夹移到 E:\website\下，并命名为 newdir。

```
<?php
    $path1="E:\\myphp";
    $path2="E:\\website";
    $list1=scandir($path1);//读取第一个路径
    echo "移动前的".$path1."内容列表<br>";
    foreach($list1 as $k)
        {echo $k.";  ";}
    $list2=scandir($path2);//读取第二个路径
```

```
        echo "<br>";
        echo "移动前的".$path2."内容列表<br>";
        foreach($list2 as $k)
            {echo $k."; ";}
        rename($path1.'\images',$path2.'\newdir');    //移动文件夹
        echo "<br>";
        $list1=scandir($path1); //读取第一个路径
        echo "移动后的".$path1."内容列表<br>";
        foreach($list1 as $k)
            {echo $k."; ";}
        echo "<br>";
        $list2=scandir($path2); //读取第二个路径
        echo "移动后的".$path2."内容列表<br>";
        foreach($list2 as $k)
            {echo $k."; ";}
    ?>
```

例 11-12 程序运行结果如图 11-8 所示。

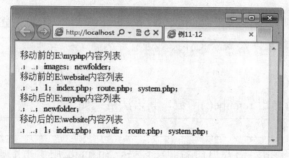

图 11-8　例 11-12 程序运行结果

以上内容，可参考慕课《文件夹重命名》进行学习。

4. 获取当前文件夹

使用 getcwd( ) 函数可以获取当前程序脚本所在的文件夹，其语法格式如下：

```
getcwd( )
```

如果获取文件夹成功，则返回当前工作的文件夹路径，如果获取失败，返回 false。

【例 11-13】获取当前文件夹。

```
<?php
    echo getcwd( );
?>
```

例 11-13 程序运行结果如图 11-9 所示。

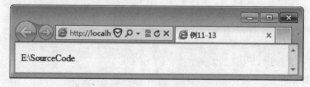

图 11-9　例 11-13 程序运行结果

5. 改变当前文件夹

chdir( )函数可以将当前工作文件夹重定向到新的文件夹,它相当于 dos 命令中的 cd 指令,其语法格式如下:

```
chdir($path)
```

其中,$path 是必填参数,指定要指向的文件夹路径。

【例 11-14】改变当前文件夹为 E:\myphp。

```
<?php
    echo "当前文件夹是".getcwd( )."<br>";
    chdir("E:\\myphp"); //改变当前文件夹
    echo "当前文件夹是".getcwd( );
?>
```

例 11-14 程序运行结果如图 11-10 所示。

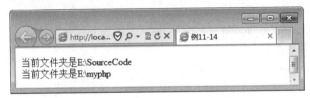

图 11-10 例 11-14 程序运行结果

11.1.4 其他文件夹操作函数

PHP 中关于文件夹操作的函数,比较常用的还有以下几个。

(1) closedir($hand):用于关闭一个已打开的文件夹,$hand 表示已经打开的目录指针。

(2) disk_free_space($path):返回文件夹中的可用空间还有多少个字节,其返回值是一个浮点型的数值。

【例 11-15】查看当前目录的可用空间。

```
<?php
    echo "当前文件夹是".getcwd( )."<br>";
    echo "可用空间还有:".disk_free_space(getcwd( ))."字节";
?>
```

例 11-15 程序运行结果如图 11-11 所示。

图 11-11 例 11-15 程序运行结果

(3) disk_total_space($path):返回$path 指定的文件夹的总空间大小有多少字节,其返回值是一个浮点型的数值。

【例 11-16】查看当前目录的全部空间。

```php
<?php
    echo "当前文件夹是".getcwd( )."<br>";
    echo "全部空间有：".disk_total_space(getcwd( ))."字节";
?>
```

例 11-16 程序运行结果如图 11-12 所示。

图 11-12　例 11-16 程序运行结果

（4）basename($path)：获取指定路径$path 中最后一级文件夹的名字，若获取成功，则返回文件夹的名字，若失败，返回 false。

【例 11-17】获取 E：\php_site\\15 下最后一级文件夹名字。

```php
<?php
    echo basename("E:\\php_site\\15"); //输出"15"
?>
```

（5）dirname($path)：获取指定路径$path 中去掉最后一级文件夹后的路径，若获取成功，则返回路径字符串，若失败，返回 false。

【例 11-18】获取 E：\php_site\\15 中去掉最后一级文件夹后的路径。

```php
<?php
    echo dirname("E:\\php_site\\15"); //输出"E:\php_site"
?>
```

（6）realpath(文件夹)：返回$path 指定文件夹的绝对路径。注意：$path 所指定的文件夹的路径只能是当前工作文件夹下面的目录。

【例 11-19】获取当前工作目录在服务器上的绝对路径。

```php
<?php
    echo "当前工作目当是:".getcwd( )."<br>";
    echo realpath("16-5"); //返回 16-5 的绝对路径
?>
```

例 11-19 程序运行结果如图 11-13 所示。

图 11-13　例 11-19 程序运行结果

【例 11-20】以下三个程序文件，在 Web 页面中实现一个简单的 E 盘资源管理器。其中[dir_tree.php]是程序的入口页面，遍历显示当前工作目录中的全部内容；[dir_rename.php]实现对指定文件夹进行重命名操作，[dir_delete.php]用于删除指定的文件夹。

【dir_tree.php】具体范例代码，请扫描本书封面二维码获取。
dir_tree.php 程序运行结果如图 11-14 所示。

图 11-14　dir_tree.php 程序运行结果

【dir_rename.php】具体范例代码，请扫描本书封面二维码获取。
dir_rename.php 程序运行结果如图 11-15 所示。

图 11-15　dir_rename.php 程序运行结果

【dir_delete.php】具体范例代码，请扫描本书封面二维码获取。
dir_delete.php 程序运行结果如图 11-16 所示。

图 11-16　dir_delete.php 程序运行结果

　11.2　文件操作

PHP 中文件操作与文件夹操作有类似之处，但也有区别。一个文件的操作流程，如图 11-17 所示。

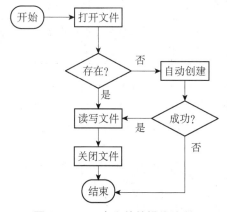

图 11-17　一个文件的操作流程

11.2.1 文件的打开与关闭

1. fopen( )函数

PHP 打开一个文件,通过 fopen( )函数实现,其语法格式如下:

fopen($filename, operation_type, [$include_path][, $handle])

其中,$filename 是必填参数,指定要打开的文件路径,该路径可以是本地文件路径,也可以是一个远程 URL。如果路径由目录名与文件名共同组成,PHP 则将其识别为本地路径,在本地磁盘上寻找该文件并尝试打开,如果是"protocol://……"的形式的路径,则将其识别为远程 URL,PHP 将按指定协议尝试打开该文件。若文件打开成功,函数返回一个文件号(句柄),若失败,返回 false。

operation_type 是一个具有特定值含义的字符串参数,必填参数,用于指定文件的读写模式。必须重视这个参数的值,否则就有可能将文件的内容全部删除。operation_type 参数的值及含义见表 1-1。

表 11-1 operation_type 参数的值及含义

值	含 义
"r"	只读方式打开,将文件指针指向文件头
"r+"	读写方式打开,将文件指针指向文件头。在现有文件写入内容,会覆盖原有的内容
"w"	写入方式打开,将文件指针指向文件头,如果文件不存在则尝试创建,如果文件存在,则文件中原有的内容会被删除
"w+"	读写方式打开,将文件指针指向文件头,如果文件不存在则尝试创建,如果文件存在,文件中原有的内容会被删除
"a"	追加方式打开,将文件指针指向文件末尾。如果文件不存在则尝试创建
"a+"	读写(追加)方式打开,将文件指针指向文件末尾。如果文件不存在则尝试创建
"x"	创建文件,并以写入方式打开,文件指针指向文件头,如果文件已存在,则该文件不会被创建也不会被打开,函数返回 false,并产生警告信息
"x+"	创建文件,并以读写方式打开,将文件指针指向文件头。如果文件已存在,则该文件不会被创建也不会被打开,函数返回 false,并产生警告信息

$include_path 是可选参数,指定文件的优先包含路径。如果在 php.ini 中设置了一个 include_path 路径,如 E:\php_site\,如果希望程序首先在这个路径下寻找、打开指定的文件,则将$include_path 的值设为 true 或 1。其默认值是 0,程序会优先在根目录下寻找、打开指定的文件。

$handle 是可选参数,在打开远程文件时使用,它是一个变量,其中保存函数打开对象的一些信息。

【例 11-21】用只读模式打开文件。

```php
<?php
    $c_dir="E:\\myphp";
    chdir($c_dir);   //改变当前文件夹
    $c_file=fopen("11.txt","r");        //用只读方式打开文件
    @$c_file2=fopen("12.txt","r");      //不存在"12.txt"
    if($c_file)
        {echo "打开文件成功<br>";}
    else
        {echo "打开文件失败<br>";}
    if($c_file2)
        {echo "打开文件成功<br>";}
    else
        {echo "打开文件失败<br>";}
?>
```

例 11-21 程序运行结果如图 11-18 所示。

图 11-18 例 11-21 程序运行结果

2. fclose( )函数

打开文件操作完成以后,应当关闭该文件,以免引起不必要的错误。关闭文件函数 fclose( )的语法格式如下:

```
fclose($handle)
```

其中,$handle 必须是一个通过 fopen( )函数打开的有效文件名。如果关闭成功,函数返回 true,否则返回 false,并产生一条错误信息。

【例 11-22】关闭文件。

```php
<?php
    $c_dir="E:\\myphp";
    chdir($c_dir);   //改变当前文件夹
    $c1_file=fopen("11.txt","r");       //只读方式打开 11.txt
    $c2_file=fopen("12.txt","r");       //不存在 12.txt
    if(fclose($c1_file))
        echo "关闭文件 11.txt 成功<br>";
    else
        echo "关闭文件 11.txt 失败<br>";
    if(fclose($c2_file))
        echo "关闭文件 12.txt 成功<br>";
    else
        echo "关闭文件 12.txt 失败<br>";
?>
```

例 11-22 程序中由于 12.txt 文件不存在，打开失败，因此程序中的语句$c2_file=fopen("12.txt","r")与 fclose($c2_file)都将出错并产生一条错误信息。例 11-22 程序运行结果如图 11-19 所示。

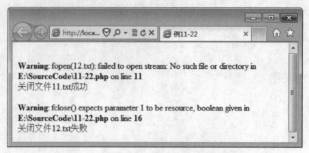

图 11-19　例 11-22 程序运行结果

 注意：

如果不需显示 PHP 的错误提示内容，可以在 fopen( )或 fclose( )语句的前面添加错误信息屏蔽字符@。

11.2.2　文件的读操作

根据读取文件内容的长度，可以分为读取一个字符、一行字符串、整个文件或指定长度的内容。

1. 按字符读取文件

使用 fgetc( )函数，从打开的文件中读取一个字符，其语法格式如下：

```
fgetc($handle)
```

其中，$handle 必须是一个使用 fopen( )函数打开的有效文件名，如果读取成功，函数返回读取的字符，如果是文件的末尾（EOF），则返回 false，如果不是一个有效的文件号，函数返回 false，并产生一条错误信息。

【例 11-23】在 E:\myphp 目录下有三个文件，分别是 11.txt、12.txt、13.txt，11.txt 中有一行文字"Hello!PHP!"，12.txt 中没有内容，13.txt 不存在。使用 fgetc( )函数获取文件内容。

```php
<?php
    $c_dir="E:\\myphp";
    chdir($c_dir);      //改变当前文件夹
    $c_file1=fopen("11.txt","r");
    $c_file2=fopen("12.txt","r");
    $c_file3=fopen("13.txt","r");
    $c1=fgetc($c_file1);     //获取 11.txt 中的一个字符
    $c2=fgetc($c_file2);     //获取 12.txt 中的一个字符
    $c3=fgetc($c_file3);     //获取 13.txt 中的一个字符
    if($c1!=false)
        echo $c1."<br>";
    else
```

```
            echo "11.txt 已到达文件尾或读取错误<br>";
        if($c2!=false)
            echo $c2."<br>";
        else
            echo "12.txt 已到达文件尾或读取错误<br>";
        if($c3!=false)
            echo $c3."<br>";
        else
            echo "13.txt 已到达文件尾或读取错误";
    ?>
```

文件 12.txt 是空的，因此读取的结果是 false，而文件 13.txt 不存在，打开失败，无法产生一个有效的$handle，因此读取的结果是 false 及错误提示信息。例 11-23 程序运行结果如图 11-20 所示。

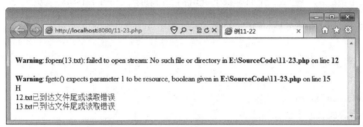

图 11-20　例 11-23 程序运行结果

【例 11-24】用 fgetc( )函数读取文件中所有字符，并输出。

```
<?php
    $c_dir="E:\\myphp";
    chdir($c_dir);              //改变当前文件夹
    $c_file1=fopen("11-24.txt","r");   //只读打开文件
    while(($c=fgetc($c_file1))!=false)  //读取并输出字符
    {
        $c=nl2br($c);//处理换行符
        echo $c;
    }
    fclose($c_file1);           //关闭文件
?>
```

例 11-24 程序运行结果如图 11-21 所示。

图 11-21　例 11-24 程序运行结果

> ⚠ 注意:
> 实际操作中,可以用 feof(文件名)判断一个文件是否已到达文件结尾。

2. 按行读取文件

利用 fgets( )函数,一次性可以读取指定文件中的一行内容,其语法格式如下:

```
fgets($handle[,length])
```

其中,$handle 是必填参数,是可以用 fopen( )函数打开的文件名;

length 是可选参数,用于指定读取一行内容以后,返回的内容大小,其默认值是 1KB(1024 字节)。如果在指定的长度以内,含有换行符或已到文件末尾(EOF==true),则只返回换行符或 EOF 之前的内容,否则,返回"长度–1"个字节,最后一个字节是文件结束符。

如果文件读取成功,函数返回读取的内容,否则,返回 false。

【例 11-25】按行读取文件 11-24.txt 中的唐诗。

```php
<?php
    $c_dir="E:\\myphp";
    chdir($c_dir);                    //改变当前文件夹
    $c_file1=fopen("11-24.txt","r");  //打开文件
    while(($L=fgets($c_file1))!=false)  //每次读取一行
        {   echo nl2br($L);       }
    fclose($c_file1);                 //关闭文件
?>
```

3. 读取整个文件

读取整个文件的函数有 file( )、readfile( )、fpassthru( )与 file_get_contents( )函数。

(1) file( )函数。file( )函数的功能是将一个文件读取到一个数组中,每行的内容(包括换行符),作为数组的一个元素值,其语法格式如下:

```
file($file_path[, include_path][, handle])
```

其中,$file_path 是必填参数,指定要打开文件的路径,它可以是本地文件路径,也可以是一个远程 URL;

include_path 是可选参数,指明是否优先在 user_include_path 目录下搜索要打开的文件,默认值是 false,在根目录下搜索;

handle 是一个变量,可选参数,其含义参考 fopen( )函数。

如果文件读取成功,函数返回的是一个含有全部文件内容的数组,否则,返回 false。

【例 11-26】使用 file( )函数读取文件内容。

```php
<?php
    chdir("E:\\myphp");               //改变当前文件夹
    $f_content=file("11-24.txt");     //读取文件到数组变量
    foreach($f_content as $f )
        {echo $f;}
?>
```

例 11-26 程序运行结果如图 10-22 所示。

图 11-22　例 11-26 程序运行结果

 注意：

使用 file( )函数读取文件时，不需要提前打开文件。

（2）readfile( )函数。readfile( )函数与 file( )函数不同的是，它直接将整个文件读取并输出，同时还会返回已读取的字节数，其语法格式如下：

```
readfile($file_path[, include_path][, handle])
```

各参数的含义、用法与 file( )函数相同。

需要注意的是，因为 readfile( )函数直接将文件读取并输出，因此，readfile( )函数本身就包含输出功能，除非需要输出函数返回的字节数，否则，不再使用输出语句。

使用 readfile( )函数也不需要提前打开要读取的文件。

【例 11-27】使用 readfile( )函数输出文件内容。

```
<?php
    $f=readfile("E:\\myphp\\11-24.txt");//读取并输出文件
    echo "<br>";
    echo "一共读取了".$f."个字节";
?>
```

例 11-27 文件中每句唐诗有 7 个中文字符，加上每行的换行符，一共有 8 个字符，全文有 8×3+7=31 个字符。由于 UTF 编码中每个中文字符占用 3 个字节，因此一共占用 93 个字节。例 11-27 程序运行结果如图 11-23 所示。

图 11-23　例 11-27 程序运行结果

（3）fpassthru( )函数。fpassthru( )函数的功能是从文件指针的当前位置开始读取文件的内容并直接输出，并返回已读取的字符数，其语法格式如下：

```
fpassthru($handle)
```

fpassthru( )函数要读取的$handle(文件指针)，必须是一个能用 fopen( )函数打开的文件指针。如果函数读取内容成功，则将读取的内容输出，并返回已读取的字符数，否则返回 false。

【例 11-28】将文件 11-28.txt 中的古诗，分两部分读取并输出。

```
<?php
    $f_path="E:\\myphp\\11-28.txt";
    $f_num=fopen($f_path,"r");    //打开文件
    echo "[标题]".fgets($f_num)."<br>";
```

```
        echo "[正文]<br>";
        $c_length=fpassthru($f_num);
        echo "<br>共读取到".$c_length."个字符";
        fclose($f_num);         //关闭文件
    ?>
```

例 11-28 程序读完第一行标题以后，文件内容的指针处于第二行开始位置，fpassthru( )函数读取此位置以后的内容。例 11-28 程序运行结果如图 11-24 所示。

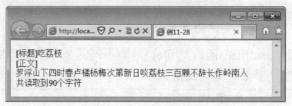

图 11-24　例 11-28 程序运行结果

 注意：

fpassthru( )函数所返回的字符数，受所读文件的编码格式影响。

（4）file_get_contents( )函数。file_get_contents( )函数的功能是将文件中指定部分的内容读取到一个字符串中，其语法格式如下：

file_get_contents($file_path[,include_path][,handle] [,s_point][, read_length])

其中，$file_path、include_path 与 handle 的含义、用法与 file( )函数相同；

s_point 是可选参数，用于指定开始读取的位置，默认从头开始；

read_lenght 是可选参数，指定读取的长度，单位为字节，默认读到文件结束为止。

如果读取文件成功，函数返回一个读取内容的字符串，否则，返回 false。

【例 11-29】使用不同设置参数的 file_get_contents( )函数读取文件 11-28.txt 中的内容。

```
<?php
    echo "读取全部内容如下：<br>";
    echo file_get_contents("E:\\myphp\\11-28.txt");
    echo "<br>";
    echo "读取部分内容如下：<br>";
    echo file_get_contents("E:\\myphp\\11-28.txt",NULL,NULL,0,54);
?>
```

例 11-29 程序运行结果如图 11-25 所示。

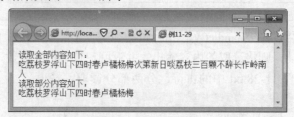

图 11-25　例 11-29 程序运行结果

4. 读取文件任意长度

fread( )函数可以从文件中读取指定长度的内容（以字节为单位），其语法格式如下：

```
fread($file_handle，read_length)
```

其中，$file_handle 必须是一个能用 fopen( )函数打开的文件名；

read_length 是一个整型参数，指定要从文件中读取的长度，单位是字节。

如果读取成功，则返回读取内容，否则，返回 false。

需要注意的是，fread( )函数一次最多可以读取 8192 个字节，并且每次读取的开始位置，是文件的内容指针当前所在的位置。

【例 11-30】使用 fread( )函数读取文件 11-30.txt 指定长度的内容。

```php
<?php
    $f_path=fopen("E:\\myphp\\11-30.txt","r");
    $f_num=fread($f_path,10);      //从第 0 个字节开始读取
    echo $f_num."<br>";
    $f_num=fread($f_path,20);      //从第 11 个字节开始读取
    echo $f_num;
    fclose($f_path);
?>
```

例 11-30 程序运行结果如图 11-26 所示。

图 11-26　例 11-30 程序运行结果

【例 11-31】利用 fread( )函数读取整个文件。

```php
<?php
    $f_path="E:\\myphp\\11-30.txt";
    $f_lenth=filesize($f_path); //获取文件长度
    $f_name=fopen($f_path,"r");     //打开文件
    $f_str=fread($f_name,$f_lenth);  //读取整个文件
    echo $f_str;
    fclose($f_name);
?>
```

11.2.3　文件的写操作

PHP 提供的文件写入操作函数有 fwrite( )与 file_put_contents( )函数。两者的主要区别在于前者需要打开文件才能进行写操作，后者不需打开文件即可进行写操作。

在对一个文件进行写操作之前，必须先保证该文件存在，并且以支持写入操作的模式打开。

1. fwrite( )函数

fwrite( )函数的功能是将内容写入指定的文件，它还有一个别名 fputs( )，用法、含义与 fwrite( )函数一致，fwrite( )函数语法格式如下：

fwrite($handle，$content_str[，length])

其中，$handle 是必填参数，其值是使用 fopen( )函数打开的、支持写入模式的文件名；
$content_str 是必填参数，指定要写入文件的内容；

length 是可选参数，指定要写入文件的字符数，如果这个长度比$content_str 的长度大，则写入全部的$content_str 内容，如果比$content_str 的长度小，则截取$content_str 中相应长度的内容写入文件。如果省略该参数，则默认写入全部的$content_str 内容。

操作成功后，函数返回已写入的字符数，如果失败，则返回 false。

【例 11-32】将唐诗《江雪》写入文件 11-24.txt 中。

```
<?php
    $f_path="E:\\myphp\\11-24.txt";
    $str="\r\n 江雪\r\n 千山鸟飞绝，\r\n 万径人踪灭。\r\n 孤舟蓑笠翁，\r\n 独钓寒江雪。";
    $f_name=fopen($f_path,"a+");      //以追加写入的模式打开文件
    $f_str=fwrite($f_name,$str);      //写入文件
    if($f_str!=false)
        {echo "文件写入成功";}
    fclose($f_name);
?>
```

例 11-32 程序运行前文件 11-24.txt 内容如图 11-27 所示，例 11-32 程序运行以后文件 11-24.txt 内容如图 11-28 所示。

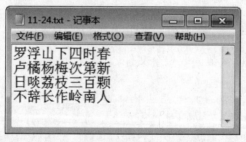

图 11-27　例 11-32 程序运行前文件 11-24.txt 内容

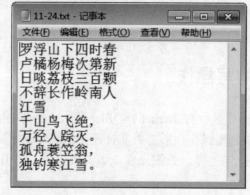

图 11-28　例 11-32 程序运行以后文件 11-24.txt 内容

2. file_put_contents( )函数

file_put_contents( )函数的功能是在不打开文件的前提下,将一个字符串写入文件。它的好处是不需要打开文件即可操作,因此操作流程相当于 fopen( )、fwrite( )与 fclose( )三个函数的组合。file_put_contents( )函数语法格式如下:

```
file_put_contents($file_path[, $content_str][, write_mode][, $context])
```

其中,$file_path 是必填参数,指定要写入内容的文件,如果该文件不存在,PHP 将会自动创建一个;

$content_str 是可选参数,用于指明要写入文件的内容,它可以是一维数组、字符串或字符;

write_mode 是可选参数,指明使用何种方式写入内容,该参数可以是以下值:
FILE_USE_INCLUDE_PATH,include_path 中的文件优先搜索;
FILE_APPEND,追加模式,即将内容写入文件尾,原有内容保留;
LOCK_EX,独占锁定模式,写入内容会覆盖原有内容。
$context 参数的值用于修改文本的属性,通常忽略。
如果写入成功,函数的返回值是已写入内容的字节数,若失败,则返回 false。

【例 11-33】使用 file_put_contents( )函数执行写入文件内容操作。

```php
<?php
    $f_path="E:\\myphp\\11-33.txt";
    echo "文件原有内容:<br>";
    echo file_get_contents($f_path);       //输出原有内容
    $str="春晓\r\n 春眠不觉晓\r\n 处处闻啼鸟\r\n";
    $w=file_put_contents($f_path,$str);    //以独占锁定模式打开写入
    if($w!==false)
        {echo "<br>文件写入成功,写入后的内容:<br>";}
    readfile($f_path);
    $str="夜来风雨声,\r\n 花落知多少\r\n";
    $w=file_put_contents($f_path,$str,FILE_APPEND); //以追加模式写入
    if($w!==false)
        {echo "<br>文件追加成功,追加后的内容:<br>";}
    readfile($f_path);
?>
```

例 11-33 程序运行结果如图 11-29 所示。

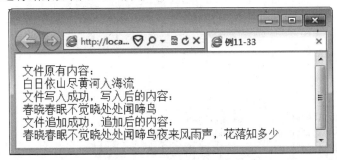

图 11-29 例 11-33 程序运行结果

11.2.4 文件内容的指针操作

在对文件的读写操作中，需要对读写的位置进行定位，这就需要使用文件的内容指针函数。该类函数主要有 feof( )、rewind( )、ftell( )与 fseek( )函数。

1. feof( )函数

feof( )函数用于判断当前指针位置是否处于文件内容的末尾，若是，返回 true，否则返回 false，其语法格式如下：

```
fenof($file_handle)
```

其中，$file_handle 必须是一个能用 fopen( )函数打开的文件。

2. rewind( )函数

使用 rewind( )函数可以将指针的当前位置移到文件开头，其语法格式如下：

```
rewind($file_handle)
```

其中，$file_handle 必须是一个能用 fopen( )函数打开的文件。

3. ftell( )函数

ftell( )函数的功能是返回指针当前所在的位置，它的单位是字节，其语法格式如下：

```
ftel($file_handle)
```

其中，$file_handle 必须是一个能用 fopen( )函数打开的文件。

4. fseek( )函数

fseek( )函数的作用是将文件指针移到指定的位置，以字节为单位，其语法格式如下：

```
fseek($file_handle,n_point[,seek_mode])
```

其中，$file_handle 是必填参数，必须是一个能用 fopen( )函数打开的文件；
n_point 是必填参数，用于指定指针移动的位移量（字节）；
seek_mode 是可选参数，用于指定指针移动的模式，它只能是以下值：
SEEK_SET，指针移到 n_point 指定的字节处，默认值；
SEEK_CUR，指针移到当前位置加 n_point 处；
SEEK_END，指针移到文件末尾（EOF）加上 n_point 处，（如果要指针从文件尾倒移，n_point 必须是一个负值）。

【例 11-34】文件指针的应用。

```php
<?php
    $path="E:\\myphp\\11-30.txt";
    $f_name=fopen($path,"r");      //以只读模式打开
    echo "文件内容的当前指针在".ftell($f_name)."<br>";
    echo fgets($f_name)."<br>"; //读取一行字符并输出
    echo "文件内容的当前指针在".ftell($f_name)."<br>";
    fseek($f_name,5);      //移动到第 5 个字节处
```

        echo fgetc($f_name)."
";
?>

例 11-34 程序运行结果如图 11-30 所示。

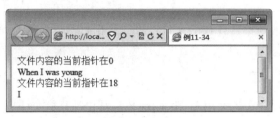

图 11-30　例 11-34 程序运行结果

文件指针有关函数的功能如图 11-31 所示。

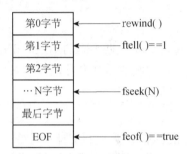

图 11-31　文件指针有关函数的功能

⚠ 注意：

在文件的读写操作中，除了 file( )、readfile( )、file_get_contents( ) 等不需要打开要操作的文件以外，其他函数都需要先打开文件，操作完毕以后，使用 fclose( ) 函数关闭文件。

11.2.5　文件的其他操作函数

文件操作，除了打开、关闭与读写以外，还有复制、重命名、查看属性信息等操作，这些操作，都不需要打开文件，只要确保文件存在即可。

1. 复制文件

复制文件使用 copy( ) 函数，其语法格式如下：

copy($file_path，$past_path)

其中，$file_path 为复制路径，$past_path 为粘贴路径。

如果操作成功，函数返回 true，否则返回 false。

2. 重命名文件

重命名一个文件与剪切一个文件是一样的，都使用 rename( ) 函数，其语法格式如下：

rename($file_path，$past_path)

操作成功，函数返回 true，否则返回 false。

3. 删除文件

删除文件使用 unlink( )函数，其语法格式如下：

    unlink($file_path)

被删除的文件必须是一个存在的文件，并且不能已打开。操作成功，返回 true，否则返回 false。

4. 判断文件是否存在

检查一个文件是否存在，使用 is_file( )函数，其语法格式如下：

    is_file($file_path)

若$file_path 指定的文件存在，函数返回 true，否则返回 false。

5. 查看文件的属性信息

要查看一个文件的属性信息，需要根据不同的属性，使用不同的函数。

（1）fileatime( )函数。fileatime( )函数返回文件最后一次被访问的时间，使用 UNIX 时间戳方式，是个整型的数值，其语法格式如下：

    fileatime($file_path):

（2）filemtime( )函数。filemtime( )函数返回文件最近修改的时间，其语法格式如下：

    filemtime($file_path)

其返回的时间格式与 fileatime( )函数一样。

（3）filesize( )函数。filesize( )函数用于获取指定文件的大小，单位是字节（Byte），其语法格式如下：

    filesize($file_path)

若操作成功，返回文件的字节数；若失败，返回 false，并产生一条错误提示信息。

思考与练习

一、单项选择题

1. 以下函数必须打开文件才可以读取内容的是（ ）。

A. file( )　　　　　B. readfile( )　　　　　C. fpassthru( )　　　　　D. file_get_contents( )

2. 有文件路径$A='files\doc\1.doc'，执行以下语句，结果一定是 false 的是（ ）。

A. rename($A,'path\2.doc')　　　　　B. copy($A,'path\2.doc')

C. rmdir('files');　　　　　D. unlink($A)

3. 已知 1.txt 中的内容为"this is a book"，运行以下程序以后，1.txt 中的内容是（ ）。

```
<?php
$A=fopen("1.txt", "w");
$str="it's an English book";
fwrite($A,$str);
?>
```

A. this is a book   B. it's an English book
C. this is a book it's an English book   D. it's an English book this is a book

4. 已知 1.txt 中的内容为 "this is a book"，运行以下程序以后，$A 中的内容是（   ）。

```
<?php
$A=file_get_contents("1.txt",NULL,"r",5);
?>
```

A. i   B. this   C. is a book   D. false

5. 已知文件 1.txt 中的内容为 "this is a book"，执行下列程序以后，$C 的值是（   ）。

```
<?php
$A=fopen("1.txt","r");
$B=fgets($A);
$C=ftell($A);
?>
```

A. 14   B. 15   C. EOF   D. 0

二、填空题

1. 删除文件的函数是_____。
2. 删除一个目录的函数是_____。
3. 获取文件中指针的当前位置，使用_____函数。
4. 将 "files\1.txt" 复制到 "backup\" 并重命名为 2.txt 的语句是_____。
5. 将一个文件剪切到新的位置，使用_____函数。

三、应用练习

编写简易投票系统程序，要求：每次只能投 1 位学生，投票的结果，保存在文本文件 vote.txt 中，并在页面中显示每个学生的票数。简易投票系统页面如图 11-32 所示。

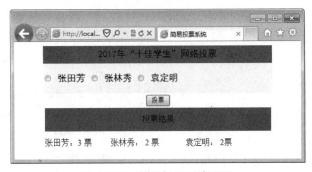

图 11-32　简易投票系统页面

第 12 章　PHP 与 MySQL 数据库

phpStudy 为用户提供一个可视化的 MySQL 管理工具，即 phpMyAdmin。利用这个工具可以方便用户对 MySQL 进行管理操作。

目前与 PHP 结合比较普遍的数据库是 MySQL。PHP 为操作 MySQL 数据库提供了一系列的相关函数，使用户能够方便地操作数据库。

12.1　phpMyAdmin

phpMyAdmin 是一个用 PHP 语言编写的软件工具，用户可对 MySQL 数据库进行方便的图形化操作。

12.1.1　phpMyAdmin 的用户界面

（1）在 phpStudy 主窗口中，单击"MySQL 管理器"或者"其他选项菜单"按钮，单击"phpMyAdmin"命令，如图 12-1 所示，进入 phpMyAdmin 的登录界面，如图 12-2 所示。

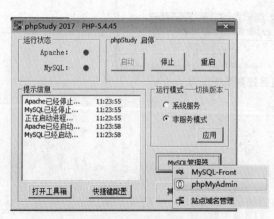

图 12-1　单击"phpMyAdmin"命令

图 12-2　phpMyAdmin 的登录界面

注意：

phpMyAdmin 是一个使用 PHP 语言编写的 Web 软件，它所有的程序文件默认放置在 phpStudy 的安装目录 PHPTuroial\WWW\phpMyAdmin\中，如果 phpStudy 的"端口常规设置"中，"网站目录"设置为别的目录路径，phpMyAdmin 将无法正常启动，此时将安装目录下的 phpMyAdmin 目录复制到自己网站目录中即可正常启动。

（2）输入默认的用户名"root"与密码"root"，单击"执行"按钮，进入 phpMyAdmin 主界面，如图 12-3 所示。

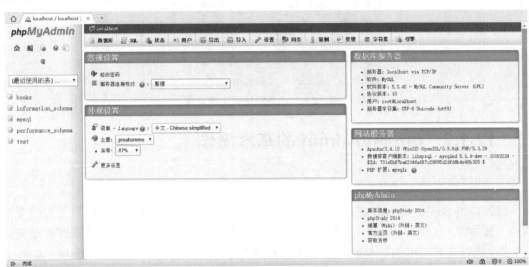

图 12-3　phpMyAdmin 主界面

（3）phpMyAdmin 主界面的左边，是最近使用的数据库列表，单击数据库名，跳转进入该数据库。

（4）phpMyAdmin 主界面的上部，是功能选项卡区，如图 12-4 所示。

图 12-4　功能选项卡区

- "数据库"选项用于新建数据库或修改已有数据库的结构。
- "SQL"选项用于输入用户的 SQL 命令，并返回执行结果。
- "状态"选项可以查看当前 MySQL 服务器的运行信息，包括"查询统计""所有状态变量""监控"与"建议"等内容。
- "用户"选项可以对 MySQL 所有的用户进行管理，包括添加、删除及用户权限的设定。
- "导出"与"导入"两个选项，分别用于数据库的导出与导入管理。

（5）"常规设置"选项卡：可以修改当前登录用户的密码，也可以设定数据库的编码字符集。"常规设置"选项卡如图 12-5 所示。

图 12-5 "常规设置"选项卡

（6）"外观设置"选项卡：主要用于选择 phpMyAdmin 的语言及外观风格。"外观设置"选项卡如图 12-6 所示。

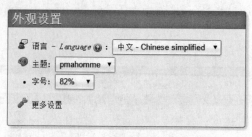

图 12-6 "外观设置"选项卡

12.1.2　phpMyAdmin 的基本操作

1. 创建数据库

（1）单击 phpMyAdmin 主界面中的"数据库"选项卡。在"新建数据库"下方的文本框中输入数据库名（如 mydata），在右边的下拉列表框中选择编码类型（如果数据库需要支持中文字符，可以选择 GB2312_chinese_ci，其他编码类型请参阅附录），"数据库"选项卡如图 12-7 所示。然后单击"创建"按钮，完成创建数据库操作。

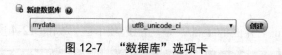

图 12-7 "数据库"选项卡

（2）单击 phpMyAdmin 主界面左边"最近使用的表"列表中的"mydata"数据库，进入 mydata 数据库的结构编辑页面，如图 12-8 所示。

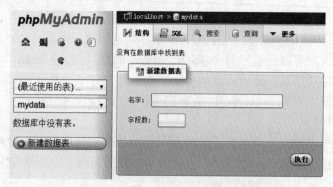

图 12-8 mydata 数据库的结构编辑页面

2. 创建数据表

（1）在如图 12-8 所示的"名字"和"字段数"文本框中，输入数据表的名称（如 s_info）及字段数，"名字"和"字段数"文本框如图 12-9 所示。

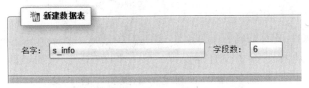

图 12-9 "名字"和"字段数"文本框

（2）单击"执行"按钮，进入字段编辑页面，在各文本框中，输入字段的相应信息，数据表字段编辑页面如图 12-10 所示。

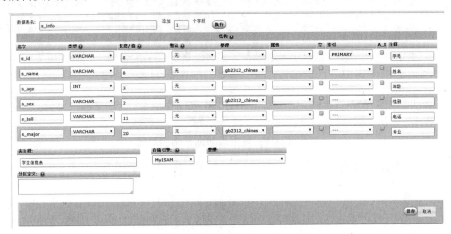

图 12-10 数据表字段编辑页面

各字段的含义如下：
- "名字"对应字段名。
- "类型"表示该字段的数据类型。
- "长度/值"表示该字段能够存储的最长字符数。
- "默认"用于设置该字段的默认值，可以在其下拉列表中选择"定义"进行设置，如果在添加记录时，没有该字段的值，则用默认值代替。
- "整理"表示字段的编码类型。
- "属性"用于设置该字段数值的相关属性，它的选项含义如下。

UNSIGNED：字段不会有非负数出现，如 int 类型设置为该属性，那么这列的数值都是从 0 开始。

UNSIGNED ZEROFILL：补充的空格用零代替，设置为该属性，表示非负数列。例如，声明为 INT（5）ZEROFILL 的列，值 4 检索为 00004。

ON UPDATE CURRENT_TIMESTAMP：该列为默认值，使用当前的时间戳，并且自动更新。
- "空"：如果选择，表示该字段的值可以为空。
- "索引"：设置字段的索引类型，它的选项值与含义如下。

PRIMARY：主键，可以把多个字段同时设为主键，主键的值不能重复。

UNIQUE：唯一。表示该字段的值，不能重复。
INDEX：索引。建立索引，搜索速度提高。
FULLTEXT：全文搜索，只能用于 MyIsam 数据库引擎。

• "A_I"（Auto_increment）自动增加。选择后，字段的值自动在前一个值的基础上增加 1，一般用于自动编号的 ID 字段。

• "注释"：关于字段的备注说明。

（3）按图 12-10 所示对各字段进行设置，单击"保存"按钮后，得到如图 12-11 所示数据表的浏览结构页面，可以看到 s_info 表的全部字段名，各字段的数据类型、编码类型及是否是主键等信息。用户可以通过此页面，修改字段信息。

图 12-11　数据表的浏览结构页面

3. 数据表的基础操作

（1）浏览数据。

① 单击需要打开的数据库（mydata），可以在窗口内看到该数据库所有已经建立的数据表，浏览数据表如图 12-12 所示。

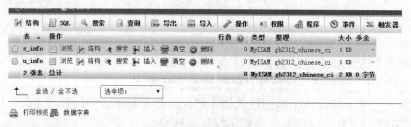

图 12-12　浏览数据表

② 单击要浏览的数据表名（s_info），可浏览该表中所有的数据记录，浏览数据表数据如图 12-13 所示。

图 12-13　浏览数据表数据

（2）更新记录。单击数据表记录前面的"✐ 编辑"图标，进入该条记录的编辑页面，修改记录如图 12-14 所示，修改相关的字段以后，单击"执行"按钮，则可完成该条记录的更新操作，并自动返回相应操作的 SQL 语句，更新记录结果如图 12-15 所示。

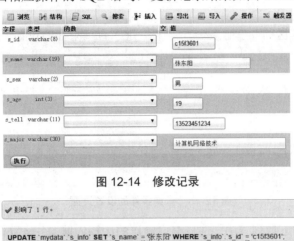

图 12-14　修改记录

图 12-15　更新记录结果

（3）添加记录。单击功能选项卡区的"插入"选项，进入添加记录页面，如图 12-16 所示。在各字段对应的文本框中输入相应数据，然后单击"执行"按钮，则可完成一条记录的插入操作。

图 12-16　添加记录页面

添加记录结果如图 12-17 所示，可以看到页面返回一条成功信息，并给出刚刚执行的插入操作的 SQL 语句。

图 12-17　添加记录结果

（4）删除记录。在记录列表中，单击记录左边的"⊖ 删除"按钮，可以将该条记录删除。可以一次选择多条记录以后，单击记录列表下方的"删除"按钮，这样可以一次删除多条记录。

（5）查询记录。

①单击功能选项卡区的"🔍 搜索"图标，进入查询条件的设置页面，如图 12-18 所示。

图 12-18　查询条件的设置页面

②在"运算符"的下拉列表中，选择查询操作的运算依据，各运算符及其含义见表 12-1。

表 12-1　各运算符及其含义

运算符	含义	适用类型
LIKE	精确查询，查出对应字段为"值"中内容的记录，不填=任意内容	字符型
LIKE%…%	模糊查询，查出对应字段包含"值"中内容的记录	
No LIKE	过滤查询，查出对应字段不包含"值"中内容的记录	
=	查出对应字段值等于"值"中内容的记录	数值型/时间型
!＝	查出对应字段值不等于"值"中内容的记录	
REGEXP	模糊查询，利用正则表达式描述要查询的字段内容	/
IN	查出字段值等于给出的结果集中各项内容的记录	/
NOT IN	查出字段值不等于给出的结果集中任何一项内容的记录	/
BETWETEEN	查出字段值在给出范围之间的记录	数值型/时间型
NOT BETWEEN	查出字段值不在给出范围之间的记录	
IS NULL	查出字段值为空的记录	/
IS NOT NULL	查出字段值不为空的记录	/

例如，查询"s_name"（学生姓名）包含"李"字的全部记录，条件设置如图 12-19 所示。

图 12-19　条件设置

完成条件设置后，单击右下角的"执行"按钮，可以看到页面返回操作的 SQL 语句如下：

SELECT * FROM `s_info` WHERE `s_name` LIKE '%李%' LIMIT 0 , 30

查询的结果如图 12-20 所示。

		s_id	s_name	s_sex	s_age	s_tell	s_major
	编辑 复制 删除	c14f3602	李红英	女	18	13523456543	计算机网络技术
	编辑 复制 删除	c14f3603	李红莲	女	18	13523456544	计算机网络技术

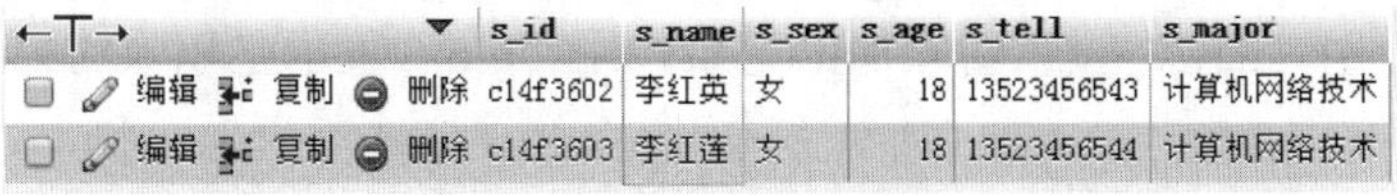

图 12-20　查询的结果

12.1.3　触发器

触发器是数据库中一个非常重要的工具。它是数据库为程序员和数据分析员提供的保证数据完整性的一种方法。触发器实质是一系列 SQL 语句的集合，但这些语句的执行不是由程序调用，也不是手工启动，而是由数据库的事件触发的。

例如，设计一个触发器，当 s_info 表中添加一条新记录时，u_info 表自动插入一条记录，其中 u_name 字段的值是 s_info 表新记录中的 s_name 的值，u_pass、u_right 按默认值。

（1）单击功能选项卡区的“触发器”按钮，进入触发器页面，如图 12-21 所示。如果还没有建立任何触发器，触发器列表中显示为“没有触发器”，如果数据库已经建立触发器，则列出所有的触发器名称。

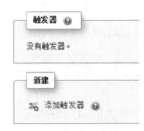

图 12-21　触发器页面

（2）单击“新建”下面的“添加触发器”，弹出“添加触发器”对话框，如图 12-22 所示。

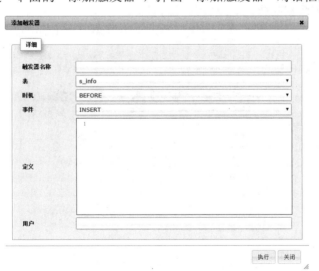

图 12-22　“添加触发器”对话框

（3）填写相关选项的内容，“编辑触发器”对话框如图 12-23 所示。其中，用户名可以不填，默认为当前登录数据库的用户名，如果要填写，格式必须为“用户名@主机名”。

在触发器中，用"new"表示新增加的记录，用"old"表示已删除的记录。

图 12-23 "编辑触发器"对话框

（4）单击"执行"按钮，完成触发器的创建。

12.1.4 数据库的导入与导出

phpMyAdmin 为用户提供方便、强大的数据导入导出工具。它既可以只操作某个数据表的数据，也可以操作整个数据库。所支持的文件格式也比较多。

1. 导入

（1）单击要导入数据的数据库或数据表的名称。
（2）单击功能选项卡区的" 导入 "图标，进入导入操作页面，如图 12-24 所示。

图 12-24 导入操作页面

(3)单击""按钮,选择要上传的文件(注意:文件不可太大,默认不大于 2MB,可以在 php.ini 中设置)。

在"文件的字符集"下拉列表中选择正确的编码类型,在"格式"下拉列表中选择导入文件的格式,单击"执行"按钮。

⚠ 注意:

如果要导入一个数据库文件,必须先在 phpMyAdmin 中创建一个空的数据库,然后在这个数据库中执行导入操作。

2. 导出

(1)选择要导出的数据库名称或数据表名,单击功能选项卡的"📤 导出"图标,导出操作页面如图 12-25 所示。

图 12-25 导出操作页面

(2)根据需要选择导出方式及导出的格式(通常选择 SQL 格式),单击"执行"按钮。浏览器将打开"保存"对话框或"下载"对话框,选择保存路径,下载保存即可完成导出操作。

(3)用记事本打开导出的文件,可以看到 SQL 格式的导出文件实质是一系列创建表、插入记录的 SQL 语句集合。SQL 导出文件如图 12-26 所示。

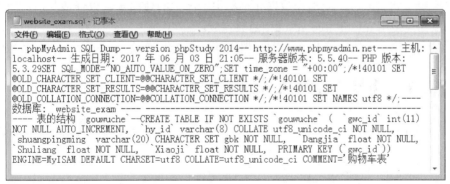

图 12-26 SQL 导出文件

 注意:

如果选择导出的是一个数据库,phpMyAdmin 导出的是数据库中的全部数据表与数据,但不包含创建数据库的 SQL 语句。因此导入一个数据库的 SQL 格式的文件时,必须先创建一个空的数据库。

12.2 PHP 操作 MySQL 的基本步骤

PHP 操作 MySQL 的基本流程如图 12-27 所示。

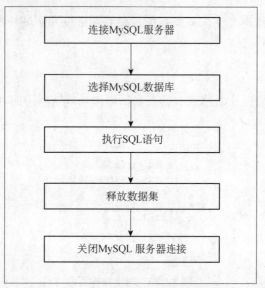

图 12-27　PHP 操作 MySQL 的基本流程

连接 MySQL 服务器阶段，主要通过 mysql_connect( )函数，使 PHP 与 MySQL 服务器建立数据通道，然后使用 mysql_select_db( )函数，从数据库服务器中选择需要使用的数据库。

执行 SQL 语句，主要是对数据库中的数据表、记录所要进行的操作，编写相应的 SQL 语句，然后利用 mysql_query( )函数执行 SQL 语句。

数据库操作完成以后，应当释放操作过程中所产生的数据集，以释放其所占用的系统资源。这个操作，使用 mysql_free_result( )函数完成。

最后是关闭 Web 程序与 MySQL 服务器之间的连接，通过 mysql_close( )函数来实现。

12.2.1　连接 MySQL 服务器

mysql_connect( )函数用于建立 PHP 程序与 MySQL 服务器之间的连接，这是 Web 页面与数据库之间进行数据交互的基础，其语法格式如下。

mysql_connect('mysql_server','u_name','password');

其中，mysql_server 是必填参数，用于指明所要连接的 MySQL 服务器，它的值可以是该服务器的主机名，也可以是 IP 地址，本地测试服务器使用 localhost 或 127.0.0.1。

u_name 是指登录 MySQL 数据库服务器的用户名，password 是指数据库服务器的用户密码。两者都是必填参数。

如果连接成功，函数返回一个连接号，相当于程序所在的 Web 页面与 MySQL 数据库之间形成了一条数据通道，若连接失败，则返回 false 及错误提示。

【例 12-1】连接本地 MySQL 数据库。

```php
<?php
    $db_server="localhost";
    $db_user="root";
    $db_pw="root";
    $conn=mysql_connect($db_server,$db_user,$db_pw);
if(!$conn)
die('数据库服务器连接失败'.mysql_error());
    else
        echo "数据库服务器连接成功";
?>
```

例 12-1 程序中，使用 mysql_connect( )函数连接数据库，脚本程序结束以后，连接也随之断开。若需再次连接，就必须再使用该函数。这样会导致程序与数据库之间频繁连接与断开，耗费时间资源。若需建立一个持久的连接，可以使用 mysql_pconnect( )函数。其用法与 mysql_connect( )一样，只是脚本结束时，连接不断开，直接执行 mysql_close( )语句为止。

使用 mysql_connect( )函数连接数据库服务器失败时，会返回一个错误提示，这些提示信息，都是用英文表达的专业术语，可以在 mysql_connect( )函数之前加上@，将系统默认的错误信息屏蔽，并用 die( )函数自定义一个错误提示。如下面的程序中，用户名是错误的：

```php
<?php
    $db_server="localhost";
    $db_user="roots";
    $db_pw="root";
    $conn=mysql_connect($db_server,$db_user,$db_pw);
```

运行结果如图 12-28 所示。

图 12-28　运行结果

可以看到，所产生的错误提示，对于不擅长英语的程序用户而言，非常不方便。将程序稍做修改如下：

```php
<?php
    $db_server="localhost"; //MySQL 服务器地址
    $db_user="roots";       //MySQL 用户名
    $db_pw="root";          //登录密码
    $db_name="guestbook";   //数据库名
    @$conn=mysql_connect($db_server,$db_user,$db_pw)or die("数据库服务器无法连接");
?>
```

修改后运行结果如图 12-29 所示。

图 12-29　修改后运行结果

12.2.2　选择数据库

mysql_select_db( )函数用于选择所要操作的数据库，其语法格式如下：

```
mysql_select_db($db_name,$connect_id)
```

其中，$db_name，用于指明所要操作的数据库名，必填参数；
$connect_id 为必填参数，使用一个当前已经用 mysql_connect( )函数打开的数据库连接号。
如果操作成功，函数返回 true，否则返回 false。

【例 12-2】选择本地数据库并打开。

```php
<?php
    $db_server="localhost"; //MySQL 服务器地址
    $db_user="root";        //MySQL 用户名
    $db_pw="root";          //登录密码
    $db_name="guestbook";   //数据库名
    $conn=mysql_connect($db_server,$db_user,$db_pw);
    if(!$conn)
         die("数据库服务器连接失败<br>");
    else
         echo "数据库服务器连接成功<br>";
    //打开数据库
    $db_selected=mysql_select_db($db_name);
    if(!$db_selected)
         {die("数据库打开失败".mysql_error( ));}
    else
         {echo "打开数据库".$db_name."成功";}
?>
```

例 12-2 程序运行结果如图 12-30 所示。

图 12-30　例 12-2 程序运行结果

12.2.3　执行 SQL 语句

使用 PHP 对数据库中的数据进行各种操作，主要通过 mysql_query( )函数，结合 SQL 语句实现。mysql_query( )函数的作用是执行指定的 SQL 语句，其语法格式如下：

mysql_query(SQL_str，$connect_id);

其中，mysql_query( )函数是执行 SQL 语句的专用函数，所有的 SQL 语句都通过该函数执行。SQL_str 参数指明要执行的 SQL 语句，$connect_id 是指使用 mysql_connect( )函数打开的数据库服务器连接号。

该函数的运行结果，与其所执行的 SQL 语句相关：执行 select 语句，成功以后，返回 SQL 语句执行结果的数据集（也称结果集或记录集），执行失败，返回 false；执行 insert、update、delete 等语句，成功以后，返回 true，否则返回 false。

【例 12-3】连接数据库服务器，在 guestbook 数据库的 class 数据表中，查出所有的记录并显示。

```php
<?php
    $db_server="localhost"; //MySQL 服务器地址
    $db_user="root";        //MySQL 用户名
    $db_pw="root";          //登录密码
    $db_name="guestbook";   //数据库名
    @$conn=mysql_connect($db_server,$db_user,$db_pw)or die("数据库服务器无法连接");
    if(!$conn)
        {die('数据库连接失败'.mysql_error( ));}
    //打开数据库
    $db_selected=mysql_select_db($db_name);
    if(!$db_selected)
        {die("数据库打开失败".mysql_error( ));}

    $sqls="select * from words";   //查询语句
    $res=mysql_query($sqls,$conn);
    if(!$res)
        {echo "暂无任何留言内容";}
    else
        {   echo "留言内容如下：<br>";
            echo "<table width=700 border=1>";
            //将记录内容转换成数组并输出数组元素
            for($i=0;$i<mysql_num_rows($res);$i++)
                {   $res_list=mysql_fetch_array($res);
                    echo "<tr>";
                    echo "<td>".$res_list[0]."</td>";   //第一个字段内容
                    echo "<td>".$res_list[1]."</td>";   //第二个字段内容
                    echo "<td>".$res_list[2]."</td>";   //第三个字段内容
                    echo "<td>".$res_list[3]."</td>";   //第四个字段内容
                    echo "<td>".$res_list[4]."</td>";   //第五个字段内容
                    echo "</tr>";
                }
            echo "</table>";
        }
    mysql_close($conn); //关闭数据连接
?>
```

例 12-3 程序运行结果如图 12-31 所示。

图 12-31　例 12-3 程序运行结果

12.3　MySQL 常用操作函数

PHP 操作 MySQL 数据库的过程中，有几个常用函数，分别是 mysql_num_rows( )、mysql_fetch_array( )、mysql_fetch_object( )及 mysql_fetch_row( )函数。

1. mysql_num_rows( )函数

mysql_num_rows( )函数用于统计 select 语句执行后产生的记录集中的记录数。

【例 12-4】查询并统计 class 数据表中的记录数。

```php
<?php
    $db_server="localhost"; //MySQL 服务器地址
    $db_user="root";        //MySQL 用户名
    $db_pw="root";          //登录密码
    $db_name="guestbook";   //数据库名
    @$conn=mysql_connect($db_server,$db_user,$db_pw)or die("数据库服务器无法连接");
    $db_selected=mysql_select_db($db_name);
    $sqls="select * from class";   //查询语句
    $res=mysql_query($sqls,$conn);
    $r_count=mysql_num_rows($res); //统计查询结果的记录数
echo "共搜到相关记录".$r_count."条如下：<br>";
mysql_free_result($res);        //释放记录集
    mysql_close($conn); //关闭数据连接
?>
```

例 12-4 程序运行结果如图 12-32 所示。

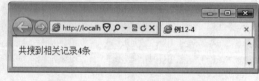

图 12-32　例 12-4 程序运行结果

2. mysql_fetch_array( )函数

mysql_fetch_array( )函数用于将查询结果集中的一行记录，转为数组，其语法格式如下：

mysql_fetch_array($record_set[,$array_type])

其中，$record_set 是必填参数，用于指明所要转换的结果集；
$array_type 是可选参数，用于指明转换的数组类型是关联数组还是索引数组，其值如下。
- MYSQL_ASSOC：关联数组。
- MYSQL_NUM ：索引数组。
- MYSQL_BOTH：默认值，同时产生关联和数字数组。

如果是关联数组，以结果集中的字段名为数组元素的键名，记录值为元素值。如果是索引数组，则按数据表中字段的顺序，分别以"0、1、2…"为数组元素的键名。如果省略该参数，转换得到的数组，即可以按关联数组的类型使用，也可以按索引数组的类型使用。

【例 12-5】将 class 数据表中的记录以关联数组形式输出并显示。

```php
<?php
    $db_server="localhost"; //MySQL 服务器地址
    $db_user="root";        //MySQL 用户名
    $db_pw="root";          //登录密码
    $db_name="guestbook";   //数据库名
    @$conn=mysql_connect($db_server,$db_user,$db_pw)or die("数据库服务器无法连接");
    $db_selected=mysql_select_db($db_name);
    $sqls="select * from class";    //查询语句
    $res=mysql_query($sqls,$conn);
    $r_count=mysql_num_rows($res); //统计查询结果的记录数
    if($r_count!=0)
    {
    echo "共搜到相关记录".$r_count."行如下：<br>";
    echo "<table width=700 border=1>";
    for($i=0;$i<$r_count;$i++)
        {   $res_list=mysql_fetch_array($res);
            echo "<tr>";
            echo "<td>".$res_list['id']."</td>";        //第一个字段内容
            echo "<td>".$res_list['c_id']."</td>";      //第二个字段内容
            echo "<td>".$res_list['c_name']."</td>";    //第三个字段内容
            echo "<td>".$res_list['c_teacher']."</td>"; //第四个字段内容
            echo "<td>".$res_list['c_enable']."</td>";  //第五个字段内容
            echo "</tr>";
        }
    echo "</table>";
    }
    mysql_close($conn); //关闭数据连接
?>
```

3. mysql_fetch_object( )函数

mysql_fetch_object( )函数的作用与 mysql_fetch_array( )函数相似，用于转换查询结果集中的一行记录。不同的是，mysql_fetch_array( )函数将记录转换为数组，而该函数将记录转换为一个对象，并且转化后的对象，只能通过字段名访问记录中的值。

mysql_fetch_object( )函数的语法格式如下：

```
$object_name=mysql_fetch_object($record_set);  //获取记录集并转换
$object_name->field_name;//访问转换后的字段值
```

【例12-6】将class数据表中的记录转换为对象并输出显示。

```php
<?php
    $db_server="localhost";   //MySQL 服务器地址
    $db_user="root";          //MySQL 用户名
    $db_pw="root";            //登录密码
    $db_name="guestbook";     //数据库名
    @$conn=mysql_connect($db_server,$db_user,$db_pw)or die("数据库服务器无法连接");
    $db_selected=mysql_select_db($db_name);
    $sqls="select * from class";     //查询语句
    $res=mysql_query($sqls,$conn);
    $r_count=mysql_num_rows($res); //统计查询结果的记录数
    if($r_count!=0)
    {
    echo "共搜到相关记录".$r_count."行如下：<br>";
    echo "<table width=500 border=1 cellspacing=0>";
    for($i=0;$i<$r_count;$i++)
    {
        $rs_obj=mysql_fetch_object($res);            //转为对象
        echo "<tr>";
        echo "<td>".$rs_obj->id."</td>";             //第一个字段内容
        echo "<td>".$rs_obj->c_id."</td>";           //第二个字段内容
        echo "<td>".$rs_obj->c_name."</td>";         //第三个字段内容
        echo "<td>".$rs_obj->c_teacher."</td>";      //第四个字段内容
        echo "<td>".$rs_obj->c_enable."</td>";       //第五个字段内容
        echo "</tr>";
    }
    echo "</table>";
    }
    mysql_close($conn); //关闭数据连接
?>
```

4. mysql_fetch_row( )函数

mysql_fetch_row( )函数的用法与mysql_fetch_array( )函数的用法非常接近，也是获取记录集中的一行记录，并将其转换为数组，只不过它不能使用字段名访问每个数组元素，只能使用索引号访问每个元素的值。具体用法可以参考mysql_fetch_array( )函数。

12.4　数据的分页处理

在Web程序中，如果对MySQL数据库进行查询操作，返回的记录集中记录较多，在一个页面中全部显示时，不仅导致网页的打开速度慢，而且不便于用户对数据的浏览。这种情况下，通常将结果集分页显示。

PHP没有提供直接的分页功能函数，但MySQL中支持limit分页查询，利用这个特点，可以实现数据的分页显示。

1. MySQL 的分页查询

在 MySQL 中，Select 查询语句对记录进行查询操作时，可以限制每次提取的最大记录数，同时指定提取的起始点，其语法格式如下：

```
Select * from table_name limit start_flag,rows_num
```

其中，limit 后面的两个参数 start_flag 与 rows_num，分别表示查询的开始行与最多提取的记录行数。

假设查询的结果一共有 30 条，每次只查询提取 10 条的话，就相当于分成 3 页提取显示，其相应的 SQL 语句如下：

```
Select * from words limit 0,10;
Select * from words limit 10,10;
Select * from words limit 20,10;
```

由此可见，在 MySQL 中，对记录集分页，是比较容易实现的，只要指定每页的记录起始行，以及每页的记录行数，就能够得到该页的全部记录。

指定每页的记录数是比较容易实现的，因为大多数情况下，Web 页面中每页显示的记录数，是相对固定的。需要解决的问题是每页的记录起始点，即用户当前需要浏览的页码。因为这个页码随着用户的浏览操作不同而变化，是不可预见的。

通常使用 URL 参数解决这个问题。

2. URL 参数与页码传递

因为 URL 可以在不同页面或同一页面的两次访问之间传递数据，而在记录数据分页显示的程序中，用户也是通过单击不同的页码，指向相应的页面进行记录浏览的，页码列表效果图如图 12-33 所示。

图 12-33 页码列表效果图

因此，通常将用户所单击的页码值，通过 URL 参数，传递给相应的页面，然后通过 PHP 程序指定给 Select 语句的 limit 参数。

实现记录集分页显示还需解决的一个问题，是页数的计算问题。

假设一共有 20 条记录，每页只显示 6 条记录，那么，一共就有 20/6=3.33333 页，即需要分为 4 页显示。可见，页数的计算公式：向上取整（总记录数/每页记录数）。

在 PHP 中，利用 ceil( ) 函数，实现向上取整，返回一个不小于某小数的最小整数。

例如，ceil(3.333)=4；

ceil(3.0)=3；

ceil(3.7)=4。

3. 数据分页显示的实现

【例 12-7】查询 guestbook 数库的 students 数据表中的所有记录，并在网页 pages.php 中分页显示，每页显示 20 条。为简捷起见，只显示学号、姓名与班级三项内容。

例 12-7 程序运行结果分别如图 12-34、12-35 所示。

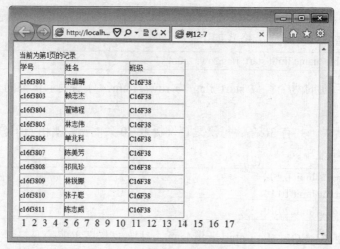

图 12-34　第 1 页的显示效果

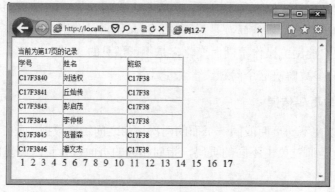

图 12-35　最后一页的显示效果

思考与练习

应用练习

1. 在 phpMyAdmin 中，新建一个数据库，命名为 shops，并在 shops 中参照以下的结构，新建两个数据表，分别命名为 goods 与 classfy。

表 12-2　goods 数据表结构

字段名	字段类型	长度	是否主键	自动增加	备注
id	Int	1	是	✓	商品号
g_name	Varchar	30			商品名
g_class	Int	1			所属分类
g_price	Float	8			价格
g_provite	Varchar	50			供应商

表 12-3 classfy 数据表结构

字段名	字段类型	长度	是否主键	自动增加	备注
id	Int	1	是		分类号
c_name	Varchar	20			分类名
c_parent	Int	1			父类分类号

在 classfy 数据表中，添加数据如图 12-36 所示。

id	c_name	c_parent
1	家用电器	0
2	手机/运营商/数码	0
3	电脑办公	0
4	电视	1
5	手机通讯	2
6	合资品牌	4
7	对讲机	5
8	男装/女装/童装/内衣	0
9	图书/音像/电子书	0
10	空调	1
11	冰箱	1
12	洗衣机	1
13	手机配件	2
14	数码配件	2
15	影音娱乐	2
16	智能设备	2
17	电脑整机	3
18	电脑配件	3
19	外设产品	3

图 12-36 添加数据

2．请编写 PHP 程序连接数据库，并实现以下操作。

（1）在 select.php 文件中编写程序，查询 classfy 数据表中，所有 c_parent 字段的值为 0 的记录，并以表格的形式，在页面中显示查询结果的分类名。

（2）在 insert.php 文件中，编写程序，利用 SQL 语句，按照表 12-4 的数据结构，在第 1 题 goods 表中添加新的数据。并在页面中显示操作的结果信息（操作成功或失败）。

表 12-4 goods 表中的数据列表

g_name	g_class	g_price	g_provite
酷派 C1-钛白手机	5	1138	酷派京东旗舰店
格力 GL-2103B	10	2500	昌明电器专卖店
金士顿 128G 优盘	14	108.5	圳信电子数码专卖店
双飞燕 DOD 无线鼠标	18	54	深圳瑞信电脑专卖店

第13章 综合实践I——校园公告栏

本章利用 PHP+MySQL，示范一个简易校园公告栏的设计与开发过程。

 13.1 总体设计

1. 系统规划与设计

校园公告栏分为两部分：公告显示前端与管理后台。普通用户直接通过系统前端，查看已发布的校园通知公告。管理员用户通过登录系统后台，进行各种公告的发布、编辑与管理。

系统包含的文件与目录结构见表 13-1。

表 13-1 系统包含的文件与目录结构

序号	文件名	说明	所在目录
1	index.php	公告栏首页	根目录
2	notice.php	公告内容列表页	根目录
3	search.php	公告搜索结果页	根目录
4	u_login.php	后台管理登录页	Admin/
5	admin_index.php	后台管理首页	Admin/
6	w_add.php	公告编辑发布页	Admin/
7	w_edit.php	公告修改页	Admin/
8	w_del.php	公告删除页	Admin/

系统的流程图如图 13-1 所示。

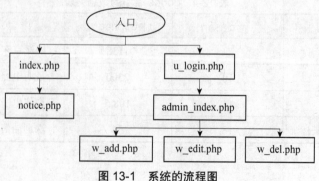

图 13-1 系统的流程图

2. 数据库设计

在 MySQL 中新建一个数据库，命名为 notice，并在该数据库中新建两张数据表 user_admin 与 notice_info，分别为系统管理用户数据表和公告信息数据表，见表 13-2、13-3。

表 13-2 系统管理用户数据表

	字段名	数据类型	长度	说明	主键
user_admin	id	int	1	自动编号	是
	u_name	varchar	12	用户名	
	u_pass	varchar	12	密码	

表 13-3 公告信息数据表

	字段名	数据类型	长度	说明	主键
notice_info	id	int	1	自动编号	是
	title	varchar	40	公告标题	
	content	text		公告内容	
	n_time	datetime		公告时间	

在 user_admin 中提前输入一条管理员信息，用户名为 admin，密码为 admin888。

13.2 系统的实现与程序

13.2.1 建立系统站点

（1）打开 Dreamweaver，新建一个站点"公告栏"，站点的基本设置如图 13-2 所示。

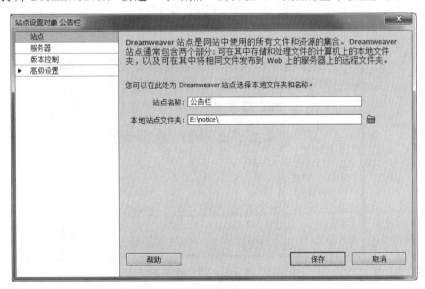

图 13-2 站点的基本设置

（2）单击图 13-2 中"服务器"选项，单击窗体右边 中的"+"号，设置站点的服务器信息，如图 13-3 与 13-4 所示。

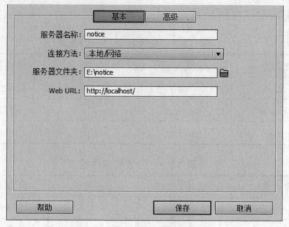

图 13-3　站点的服务器信息 1

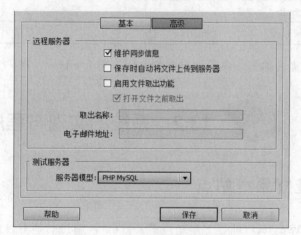

图 13-4　站点的服务器信息 2

设置后的服务器基本信息如图 13-5 所示。

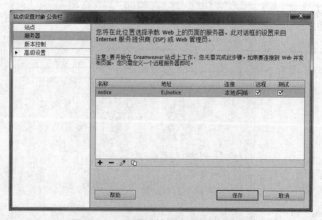

图 13-5　设置后的服务器基本信息

（3）在 Dreamweaver 的文件窗口中，建立网站的所有文件及文件夹，文件及文件夹的树关系如图 13-6 所示。

图 13-6　文件及文件夹的树关系

（4）打开 phpStudy，选择"其他选项菜单"→"phpStudy 设置"→"端口常规设置"，将"Apache"中的"网站目录"设置为上面定义的网站根目录下，网站目录设置如图 13-7 所示。

图 13-7　网站目录设置

 注意：

如果 phpStudy 的 httpd 端口号不是 80，那么图 13-3 中的"Web URL"文本框应在最后加上端口号，格式是 http://localhost:xxx:。

13.2.2　系统前端的设计与实现

（1）在根目录下新建一个 conn.php 文件，将数据库连接的程序编写在该文件中。

（2）打开 index.php 文件，在设计视图下，index.php 设计页面如图 13-8 所示。然后切换到代码视图，并编写程序代码。

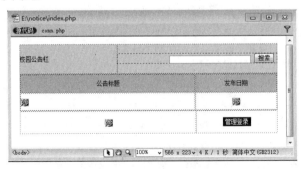

图 13-8　index.php 设计页面

【index.php】

完整的 index.php 代码，请扫描本书封面二维码下载。

index.php 程序运行结果如图 13-9 所示。

图 13-9　index.php 程序运行结果

（3）打开 notice.php 文件，notice.php 设计页面如图 13-10 所示，用于显示每篇公告的详细内容。

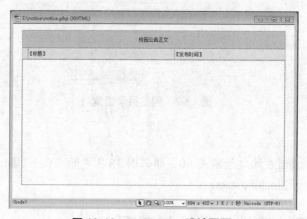

图 13-10　notice.php 设计页面

【notice.php】

完整的 notice.php 代码请扫描本书封面二维码下载。

notice.php 程序运行结果如图 13-11 所示。

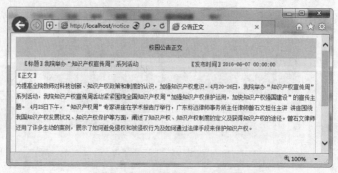

图 13-11　notice.php 程序运行结果

（4）打开 search.php 文件，search.php 设计页面如图 13-12 所示。

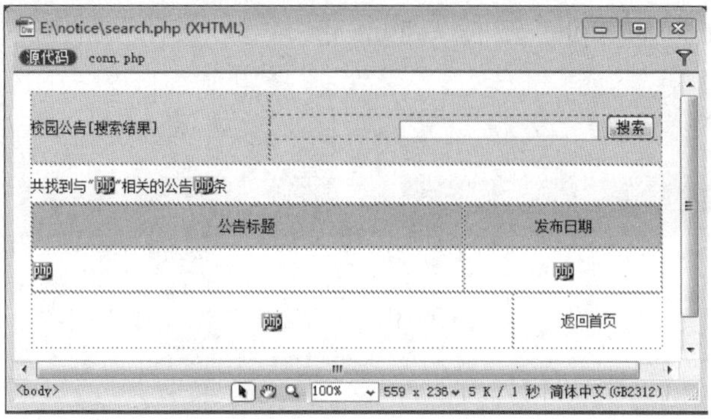

图 13-12　search.php 设计页面

完整的 search.php 程序代码，请扫描本书封面二维码下载。

search.php 程序运行结果如图 13-13 所示。

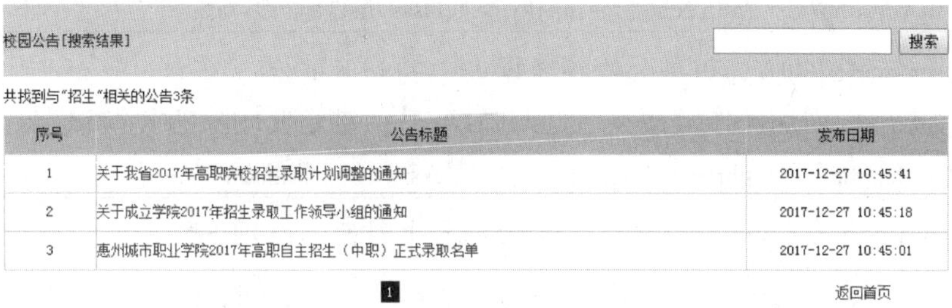

图 13-13　search.php 程序运行结果

13.2.3　系统后台的设计与实现

公告栏的管理后台，包括管理员登录验证、公告的编辑发布、修改与删除等管理功能。

1. 管理员登录验证的设计与实现

打开 u_login.php 文件，u_login.php 设计页面如图 13-14 所示，并编写管理员的登录验证功能。

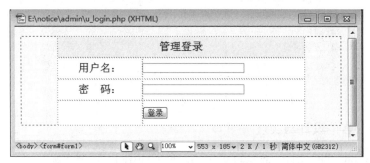

图 13-14　u_login.php 设计页面

完整的 u_login.php 程序代码，请扫描本书封面二维码下载。

2. 后台管理首页的设计与实现

（1）打开 admin_index.php 文件，admin_index.php 设计页面如图 13-15 所示。

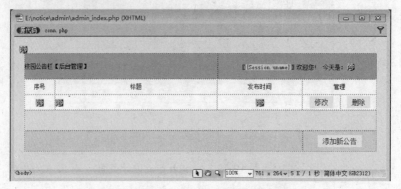

图 13-15　admin_index.php 设计页面

（2）给"修改"添加操作链接且通过 URL 参数，绑定要修改的公告 id 号，代码如下：

```
<a href="w_edit.php?id=<?php echo $res_arr[0];?>" class="list" >修改</a>
```

其中，$res_arr[0]的值为每条公告在数据表中的 id 字段值。

（3）给"删除"添加操作链接且通过 URL 参数，绑定要删除的公告 id 号，代码如下：

```
<a href="w_del.php?id=<?php echo $res_arr[0];?>" class="list" >删除</a>
```

完整的 admin_index.php 程序文件，请扫描本书封面二维码下载。

admin_index.php 程序运行结果如图 13-16 所示。

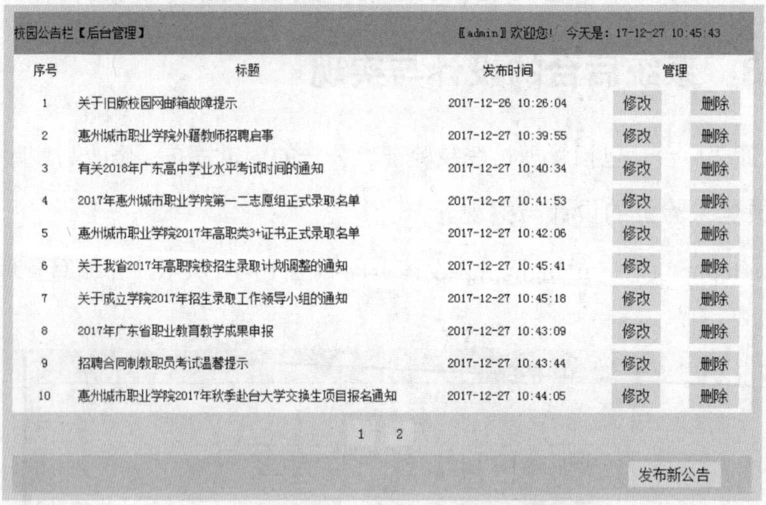

图 13-16　admin_index.php 程序运行结果

3. 添加新公告的设计与实现

（1）打开 w_add.php 文件，w_add.php 设计页面如图 13-17 所示。

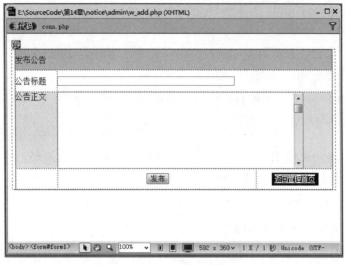

图 13-17　w_add.php 设计页面

（2）切换到代码视图，编写实现公告发布的程序。

完整的 w_add.php 程序，请扫描本书封面二维码下载。

4. 编辑修改公告的设计与实现

（1）打开 w_edit.php 文件，w_edit.php 设计页面如图 13-18 所示，编辑并绑定各个数据字段与表单控件。

图 13-18　w_edit.php 设计页面

（2）切换到代码视图，编写修改公告记录的程序。采用 PHP 的预定义变量$_GET 获取从 admin_index.php 文件中通过 URL 参数传递的公告 id，并从数据表中查询该 id 的公告数据，显示在公告编辑表单中。关键代码如下：

```
//获取修改记录的 id 号
if(isset($_GET['id']))
    $rid=$_GET['id'];
$sqls="select * from notice_info where id=".$rid;
```

```
$res=mysql_query($sqls);      //查出该 id 的公告数据
$arr=mysql_fetch_array($res);  //转换为数组
```

（3）提交表单数据，更新数据记录时，也必须通过表单的 action 属性，使用 URL 参数正确指明所要更新的记录 id，关键代码如下：

```
<form action="w_edit.php?id=<?php echo $rid;?>" method="post" name="form1" id="form1">
```

 注意：

指明要修改数据的记录 ID 号，也可通过在表单中增加一个隐藏域，将 ID 号作为该隐藏域的 value，然后通过$_POST 变量获取。

完整的 w_edit.php 程序文件，请扫描本书封面二维码下载。

修改某条公告的页面如图 13-19 所示。

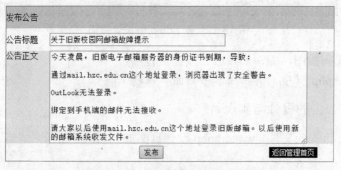

图 13-19　修改某条公告的页面

5．删除公告的设计与实现

完整的 w_del.php 程序文件，请扫描本书封面二维码下载。

第 14 章 综合实践 II——实训室管理系统

实训室管理系统是以某学院的实训室管理需求为背景，对所有实训室的使用情况进行无纸化管理的 Web 系统。

本章内容包括该系统从需求分析到系统设计、数据库设计到系统实现，以及发布部署的全过程。

在系统实现部分，仅示范讲解关键步骤与关键程序，完整的程序文件，请扫描二维码下载。

 14.1 总体设计

1. 系统功能需求分析

（1）系统能够管理全校所有实训室的基本数据，包括名称，建成时间，每室的工位数，管理员，主要功能，主要设备名称、设备型号、设备数量。

（2）能够按学期统计各实训室的使用数据。

① 各室本校实训班级数量、社会培训班级数量。

② 各室本校实训学生人数、社会实训学生人数。

③ 各室本校课时数、校外课时数。

④ 各室的利用率（实际课时/学期总课时）。

⑤ 支持打印输出各实训室的设备使用登记报表。

（3）教师登记使用实训室使用情况时，要满足以下数据需要。

① 按课次登记，记录使用日期（包括学期、周次、上课节次）、班级、班级人数、实训内容、设备情况、上课老师、备注说明等。

② 系统能自动识别教师的使用日期（同时允许教师手动选择使用日期），上课节次、班级、班级人数由系统自动选择。实训内容、设备运行情况均由上课老师自动填写。

（4）每学期开学，由各个实训室管理员填写所负责实训室的课程安排及各台设备的资料详情、运行情况。

（5）用户身份与权限。

① 实训中心：分配管理系统用户，管理全校所有实训室的基本数据、班级基础信息，查

询、汇总全校所有实训室的数据。

② 管理员：管理所负责的实训室的数据，包括本室的基本信息、设备清单、课程安排、查询本机房的使用数据。

③ 教师：登记所任课机房的使用数据。

2. 系统规划设计

实训室管理系统架构图如图 14-1 所示。

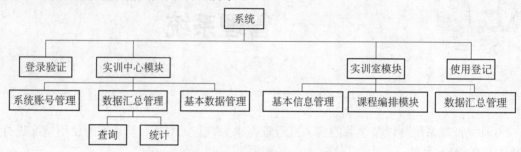

图 14-1　实训室管理系统架构图

14.2　数据库规划设计

1. 数据库结构设计

根据系统需求分析，整个系统设计了 6 个数据表，见表 14-1～14-6。利用 phpMyAdmin 在 MySQL 中，创建数据库，数据库名为 lab。

表 14-1　s_user（系统用户表）

字段名	类型	长度	说明
u_id	int		自动增加，主键
u_name	varchar	20	用户名
u_pass	varchar	12	用户密码
u_true_name	varchar	8	真实姓名
u_right	int	1	权限：1 实训中心；2 实训室管理员；3 老师

表 14-2　s_shixunshi（全校实训室情况表）

字段名	类型	长度	说明
S_id	int		自动增加，主键（实训室 id）
S_shi_id	varchar	6	实训室编号（16～606）
S_shi_seats	int	2	工位数
S_shi_finish_time	datatime		建成时间
S_shi_admin	int		管理员的 id
S_shi_machine_name	varchar	50	主要设备名称
S_shi_machine_type	varchar	50	设备型号
S_shi_machine_num	int	3	设备数量

表 14-3 s_class_plan（实训室课程安排表）

字段名	类型	长度	说明
p_id	int		自动增加，主键
p_shi_id	varchar	6	实训室编号
p_xingqi	int	1	星期（0，1，2，3，4，5，6）
p_class_id	varchar	6	班级编号
p_teacher_id	int	1	任课老师的 id
p_node	int	2	节次

表 14-4 s_class（班级信息表）

字段名	类型	长度	说明
c_id	varchar	6	主键，班级编号
c_name	varchar	30	班级名称
c_stu_num	int	100	班级人数
c_master	varchar	8	班主任姓名
C_type	int	1	班级类型：0 校内班级，1 社会班级

表 14-5 s_machine（设备信息表）

字段名	类型	长度	说明
m_id	int		主键，自动增加
m_name	varchar	10	设备编号（机器名称，工位编号）
m_bujian	varchar	50	设备零部件名称
m_shi_id	varchar	6	所属实训室编号

表 14-6 s_using_list（设备使用登记表）

字段名	类型	长度	说明
l_id	int		主键，自动增加
L_shi_id	varchar	6	实训室编号
l_m_name	varchar	20	机器名称
L_c_name	varchar	20	部件名称
l_m_pro	varchar	30	故障情况描述
l_xingqi	int	1	上课星期（0，1，2…）
l_zhou	int	2	上课周次
l_node	int	2	上课节次
l_class	varchar	6	班级编号
l_teacher	varchar	8	上课老师姓名
L_time	datatime		登记时间

2. 数据库 E-R 图

为了更直观理解各数据表之间的数据联系，用 E-R 图描述数据关系，数据库 E-R 图如图 14-2 所示。

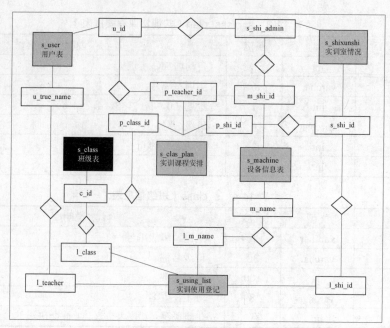

图 14-2　数据库 E-R 图

14.3　系统数据流程图

数据流程图是系统的数据与操作流程的直观表示。在开发阶段，可以帮助开发人员较好地理解系统设计，协调开发团队的工作。

限于篇幅，每个模块只列出一幅流程图，完整的流程图文档，请扫描二维码下载参考。

1. 登录验证模块 M1-1

登录验证模块 M1-1 流程图如图 14-3 所示。

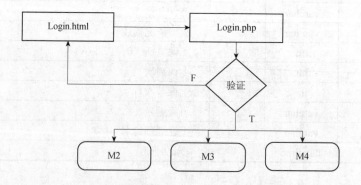

图 14-3　登录验证模块 M1-1 流程图

2. 实训中心管理模块 M2-1

实训中心管理模块 M2-1 流程图如图 14-4 所示。

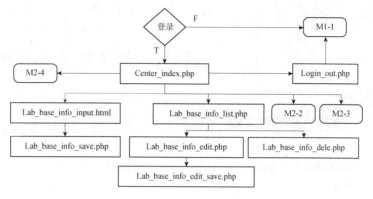

图 14-4　实训中心管理模块 M2-1 流程图

3. 实训室管理模块 M3-1

实训室管理模块 M3-1 流程图如图 14-5 所示。

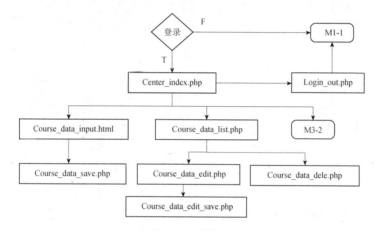

图 14-5　实训室管理模块 M3-1 流程图

4. 教师使用登记模块 M4-1

教师使用登记模块 M4-1 流程图如图 14-6 所示。

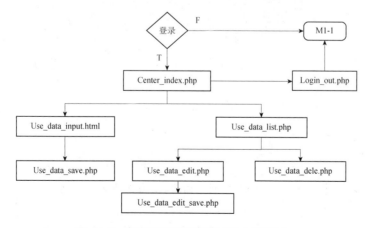

图 14-6　教师使用登记模块 M4-1 流程图

14.4 系统的实现与关键程序

14.4.1 建立系统站点

（1）打开 Dreamweaver，新建一个站点"lab"，并选择站点文件夹，"站点设置对象 lab"对话框如图 14-7 所示。

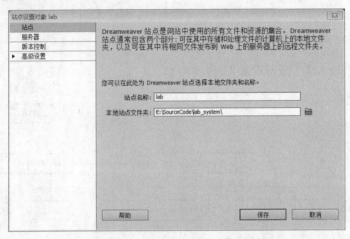

图 14-7 "站点设置对象 lab"对话框

（2）单击图 14-7 中"服务器"选项，单击窗体右边 中的"+"号，设置站点的"基本"与"高级"服务器信息，服务器基本设置选项卡和高级设置选项卡分别如图 14-8、14-9 所示。

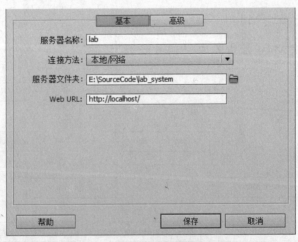

图 14-8 服务器基本设置选项卡

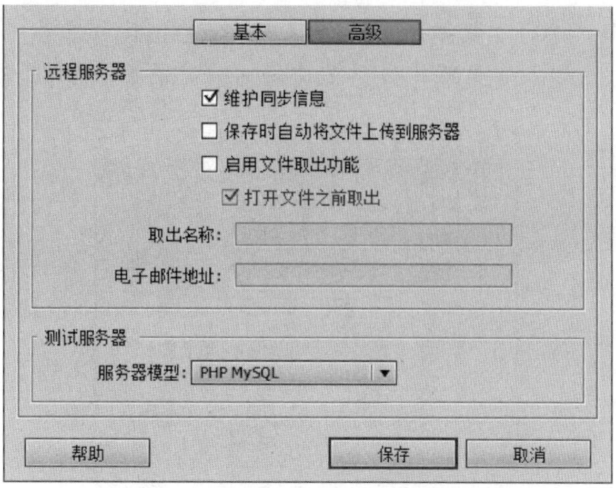

图 14-9 服务器高级设置选项卡

设置后的服务器基本信息如图 14-10 所示。

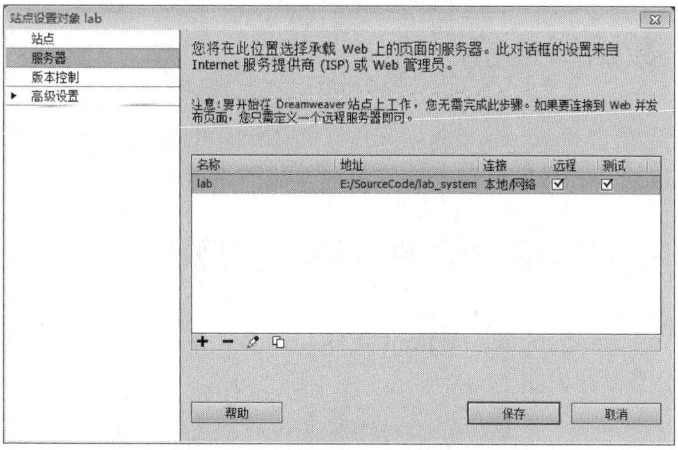

图 14-10 设置后的服务器基本信息

（3）在 Dreamweaver 的文件面板中，建立系统的所有文件及文件夹，文件列表如图 14-11 所示。

图 14-11 文件列表

（4）打开 phpStudy，选择"其他选项菜单"→"phpStudy 设置"→"端口常规设置"，将"Apache"中的"网站目录"设置为上面定义的网站根目录下，"端口常规设置"对话框如图 14-12 所示。

图 14-12　"端口常规设置"对话框

14.4.2　数据库连接

在根目录下新建一个 db_connect.php 文件，将数据库的连接程序统一放在该文件中。完整的 db_connect.php 程序可扫描本书封面二维码下载。

14.4.3　登录验证模块的设计与实现

（1）在根目录下，新建 login_info.html 文件，在 DM 中打开并编辑 login_info.html 文件，login_info.html 的页面设计如图 14-13 所示。

图 14-13　login_info.html 的页面设计

在图 14-13 中，"账号"设置为"uname"，"密码"设置为"upass"。登录表单的动作属性设置为"login_ver.php"。为了让页面内容适应不同分辨率的屏幕，将其始终处于浏览器窗口的中间，将所有的页面内容，放在一个 DIV 元素中，命名为"main"，并使用以下 CSS 样式对 main 元素进行位置定义：

```
#main{
    width:100%;
    height:300px;
    position:absolute;
    top:50%;
    margin-top:-150px;
    border-bottom:2px solid #333;
    border-top:2px solid #333;
}
```

 注意：

设置 DIV 元素在垂直方向上，居中于浏览器窗口的技巧是利用绝对定位（absolute），位置的计算公式是（win_h-div_h）/2，其中，win_h 是浏览器窗口的高度，即 DIV 的上边缘 TOP=50% 处，div_h 是 DIV 元素自身的高度，即 DIV 的上边距 margin-top 是 DIV 自身高度的负一半。

login_info.html 文件的运行效果如图 14-14 所示。

图 14-14　login_info.html 文件的运行效果

（2）打开 login_ver.php 文件，并编写登录的验证程序。完整程序可扫描本书封面二维码进行下载。

 注意：

为保证在浏览器中输出的字符编码类型与 MySQL 中数据的字符编码类型一致，在对数据库进行数据操作之前，先执行 mysql_query（"SET NAMES'UTF8'"）语句。

（3）打开 user_info.php 文件，设计用户信息输出界面如图 14-15 所示。其中"注销退出"添加链接指向 login_out.php 文件，"修改密码"添加链接指向 edit_pass.php 文件。切换到"代码"视图，在合适的位置，添加输出登录信息的 PHP 程序。

图 14-15　用户信息输出界面

（4）注销已登录用户的原理：销毁该用户已保存的全部 Session 信息。在 login_out.php

文件中编写程序如下：

```php
<?php
    //注销，退出登录
    session_start( );
    session_destroy( );
    header("location:login_info.html");
?>
```

（5）在修改密码文件 edit_pass.php 中，设计 UI 界面如图 14-16 所示。其中，"原密码"设置为"o_pass"，"新密码"设置为"n_pass"，"确认新密码"设置为"v_pass"，表单动作设置为空（即当前文件）。

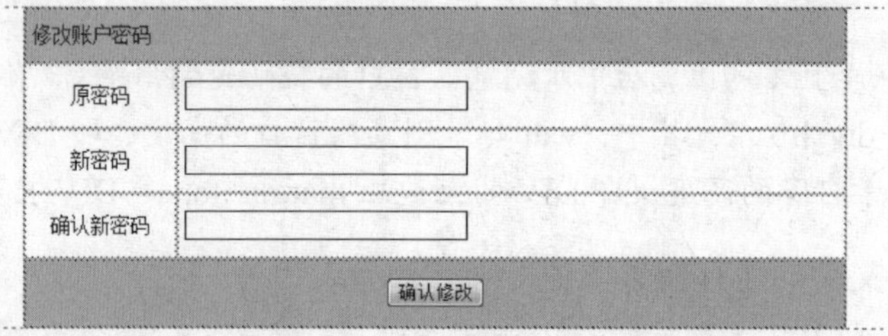

图 14-16 设计 UI 页面

切换到"代码"视图，编写修改账户密码的程序。完整程序可通过扫描封面二维码下载。

 注意：

由于修改密码的操作是在内置框架结构 iframe 中进行的，密码修改成功以后，用户应该重新登录，为了退出框架结构，直接在浏览器中登录，使用 JS 语句：window.parent.frames. location.href='xxx'。

14.4.4　系统主界面的设计与实现

用户登录验证通过以后，系统跳转到主界面 center_index.php。利用内置框架结构，根据不同的用户权限显示不同的操作菜单。

1. 嵌入用户信息文件

嵌入用户信息文件程序如下：

```php
<?php include("user_info.php");?>
```

2. 显示用户操作菜单

3. 内置框架显示操作内容

内置框架显示操作内容程序如下：

```html
<iframe name="show" width="100%" height="540" scrolling="auto" frameborder="0"></iframe>
```

使用系统管理员的身份登录系统后，index.php 文件的运行效果如图 14-17 所示。完整程序可通过扫描封面二维码下载。

图 14-17 index.php 文件的运行效果

14.4.5 实训中心模块的设计与实现

学院的实训中心管理员拥有系统最高的使用权限,包括分配、管理系统用户账号,实训室基础数据初始化与管理,实训室使用数据汇总,实训班级的分配与管理。

1. 系统账号管理

(1)在根目下新建一个目录 center,并在该目录下新建以下文件:
user_info_input.html(用户信息录入)
user_info_save.php(用户信息保存)
user_info_edit.php(用户信息修改)
user_info_edit_save.php(用户修改信息保存)
user_info_list.php(用户信息列表)
user_info_delete.php(用户信息删除)

(2)打开 user_info_input.html 文件,user_info_input.html 页面设计如图 14-18 所示。其中,"用户名"设置为"uname","真实姓名"设置为"truename","权限身份"单选按钮组命名为 inden。表单的动作设置为 user_info_save.php。

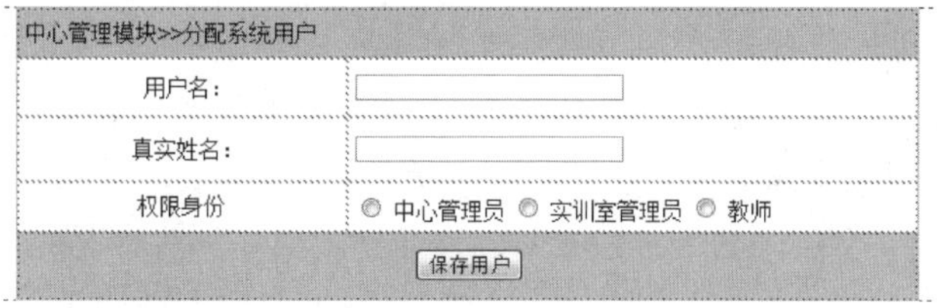

图 14-18 user_info_input.html 页面设计

(3)打开 user_info_save.php 文件,编写保存用户信息的程序。关键程序如下:

```php
<?php
    include("../db_connect.php");
    $uname=$_POST['uname'];
    $truename=$_POST['truename'];
    $iden=intval($_POST['inden']);
```

```
            $upass=md5("123456");
            mysql_query("SET NAMES 'UTF8'");        //把数据编码改为 UTF8
            $sql_insert="insert into s_user(u_name,u_pass,u_true_name,u_right)values('".$uname."'
            ,'".$upass."','".$truename."','".$iden.")";
            $rs=mysql_query($sql_insert,$conn);
        ?>
```

 注意：

由于数据库链接程序文件 db_connect.php 位于 center 目录以外的根目录中，使用 include（"../db_connect.php"）语句，可以退出当前程序文件的目录进入根目录，从而引用 db_connect.php 文件。

（4）打开 user_info_list.php 文件，用户信息列表设计界面如图 14-19 所示。

序号	账号	实名	身份	操作	操作	密码
啊	啊	啊	啊	修改	删除	重置
啊						

图 14-19 用户信息列表设计界面

编写完成用户信息查询并显示的程序，运行 user_info_list.php 文件效果如图 14-20 所示。

序号	账号	实名	身份	操作	操作	密码
1	admin	实训中心	中心管理员	修改	删除	重置
2	liazhiyang	赖志洋	实训室管理员	修改	删除	重置
3	huangxiaoxia	黄晓霞	实训室管理员	修改	删除	重置
4	liangfuyong	梁富荣	实训室管理员	修改	删除	重置
5	yezhibing	叶智彬	实训室管理员	修改	删除	重置
6	huangzhixin	黄志鑫	实训室管理员	修改	删除	重置
7	wubing	吴斌	实训室管理员	修改	删除	重置
8	qiuzhengfu	邱振孚	实训室管理员	修改	删除	重置
9	dengzhiqi	邓智琦	实训室管理员	修改	删除	重置
10	zhangzheqiang	张泽祥	实训室管理员	修改	删除	重置
11	linzhiqian	林志贤	实训室管理员	修改	删除	重置
12	zhangzhipiao	张志漂	实训室管理员	修改	删除	重置

图 14-20 运行 user_info_list.php 文件效果

其中，"修改"操作的链接，需要使用 URL 指明所要修改的记录 id 号。代码如下：

```
<a href="user_info_edit.php?uid=<?Php echo $arr_list['u_id'];?>">修改</a>
```

为避免误删除操作，对"删除"链接需要做删除确认的交互操作。代码如下：

```
<a href="javascript:if(confirm('你确定要删除该用户？
')){window.location.href='user_info_dele.p hp?uid=<?php echo $arr_list['u_id'];?>'" >删除</a>
```

（5）打开 user_info_edit.php 文件，用户信息修改设计界面如图 14-21 所示。

图 14-21 用户信息修改设计界面

切换到"代码"视图，在表单标签<form>之前，编写程序，查出所要修改的用户信息，代码如下：

```php
<?php
    //查出要修改的账号信息
    include("../db_connect.php");
    $uid=$_GET['uid'];
    mysql_query("SET NAMES 'UTF8'");
    $sqls_select="select * from s_user where u_id=".$uid;
    $rs_user=mysql_query($sqls_select,$conn);
    $arr_user=mysql_fetch_array($rs_user);
?>
```

分别给图 14-21 中的各元素，指定 value 值为用户信息的相关字段值。

```
<td width="200" height="39" align="center" bgcolor="#FFFFFF">用户名</td>
<td width="817" bgcolor="#FFFFFF"><label for="uname"></label>
<input type="text" name="uname" id="uname"  value="<?php echo $arr_user['u_name'];?>"/>    </td>
</tr>
<tr>
<td height="35" align="center" bgcolor="#FFFFFF">真实姓名</td>
<td bgcolor="#FFFFFF"><label for="truename"></label>
<input type="text" name="truename" id="truename"   value="<?php echo $arr_user['u_true_name'];?>"/></td>
</tr>
<tr>
<td height="35" align="center" bgcolor="#FFFFFF">权限身份</td>
<td bgcolor="#FFFFFF">
    <label>
      <input type="radio" name="inden" value="1" id="inden_0" <?php if($arr_user['u_right']==1){?> checked="checked"<?php }?>/> 中心管理员</label>
    <label>
      <input type="radio" name="inden" value="2" id="inden_1" <?php if($arr_user['u_right']==2){?> checked="checked"<?php }?>/> 实训室管理员</label>
    <label>
      <input type="radio" name="inden" value="3" id="inden_2" <?php if($arr_user['u_right']==3){?> checked="checked"<?php }?>/>教师</label>
    </td>
```

设置表单的属性如下：

```
<form id="form1" name="form1" method="post" action="user_info_edit_save.php?uid=<?php echo $uid;?>">
```

（6）打开 user_info_edit_save.php 文件，编写保存修改结果的程序，关键代码如下：

```php
<?php
//保存对用户数据的修改
session_start( );
    $uid=$_GET['uid'];
    include("../db_connect.php");
    $uname=$_POST['uname'];
    $truename=$_POST['truename'];
    $right=$_POST['inden'];
    mysql_query("SET NAMES 'UTF8'");
```

```
                $sqls_edit="update                        s_user                            set
u_name="'".$uname."',u_true_name="'".$truename."',u_right="'".$right."' where u_id=".$uid;
                $rs_edit=mysql_query($sqls_edit,$conn);
    ?>
```

 注意：

从简化文件结构的角度出发，可以将"添加系统用户"与"修改系统用户"两个功能模块都写在同一个文件中；"保存系统用户"及"保存用户信息修改"两个功能模块也都写在同一个文件中。然后在程序中利用不同的标志区分两种不同的操作，并编写不同分支的程序。以上方法，留给读者自行思考实现。

（7）打开 use_delete.php 文件，切换到"代码"视图，编写删除某个用户的程序如下：

```php
<?php
//删除用户
    include("../db_connect.php");
    $dele_id=$_GET['uid'];
    $sqls_dele="delete from s_user where u_id=".$dele_id;
    $rs_dele=mysql_query($sqls_dele,$conn);
    if($rs_dele)
    {
        echo "一条用户信息删除完成";
        echo "<a href='userinfo_list.php'>返回</a>";
    }
    else
    {
        echo "一条用户信息删除失败";
        echo "<a href='userinfo_list.php'>返回</a>";
    }
?>
```

2. 实训室数据管理

（1）在 center/目录下，新建以下文件列表：

Lab_base_info_input.php（实训室基础信息输入）

Lab_base_info_save.php（实训室基础信息保存）

Lab_base_info_edit.php（实训室基础信息修改）

Lab_data_list.php（实训室使用数据汇总列表）

（2）在 Lab_base_info_input.php 文件中，实训室基础信息录入设计界面如图 14-22 所示。

图 14-22 实训室基础信息录入设计界面

"建成时间"选择使用 HTML5 的万年历控件——"datetime-local"标签实现。代码如下：

```
<input type="datetime-local" name="l_time" id="l_time" />
```

"datetime-local"控件的使用效果如图 14-23 所示。

图 14-23 "datetime-local 控件"的使用效果

"管理员"下拉列表框中的内容，来自于数据库的 s_user 表，并且只查询并显示权限为 2 的用户（即实训室管理员）。

Lab_base_info_input.php 文件的运行效果如图 14-24 所示。完整程序可通过扫描本书封面二维码下载。

图 14-24 Lab_base_info_input.php 文件的运行效果

 注意：

"datetime-local"是 HTML5 支持的控件，其 value 属性值的格式是 yyyy-mm-ddThh:ii:ss，必须保证浏览器的版本支持 HTML5 才能正确显示该控件的效果。

（3）Lab_base_info_edit.php 文件的操作界面可参考 Lab_base_in fo_input.php 文件进行设计。由于数据库中"建成时间"的格式是"yyyy-mm-dd"，为正确将数据库中的建成时间显示在用户操作界面中的"datetime-local"中，必须先将数据库中的时间格式转换成 datetime-local 控件的时间格式，代码如下：

```
<?php $l_time=$arr_lab['s_shi_finish_time']."T00:00:00"; ?>
<input type="datetime-local" name="l_time" id="l_time" value="<?php echo $l_time;?>"/>
```

（4）打开 Lab_data_list.php 文件，实训室的数据列表设计界面如图 14-25 所示。

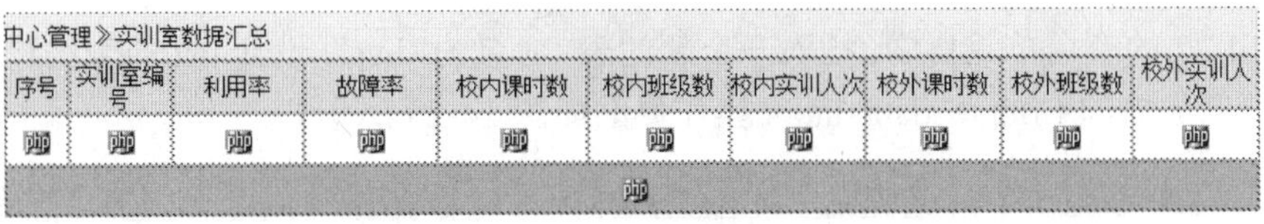

图 14-25 实训室的数据列表设计界面

在代码视图下，编写 Lab_data_list.php 文件程序，实现各项数据的统计。

Lab_data_list.php 文件的运行效果如图 14-26 所示。完整程序可通过扫描本书封面二维码进行下载。

图 14-26　Lab_data_list.php 文件的运行效果

14.4.6　实训室模块的设计与实现

实训室模块是用户权限为 2（实训室管理员）的系统用户所操作的范围，每个实训室管理员可能负责一个或多个实训室，在系统中对自己所负责的实训室拥有以下操作权限：编排与管理实训室的实训课程、管理实训室的设施设备数据、汇总与打印实训室设备的使用登记数据。

1. 实训课程编排管理

（1）在系统根目录下，新建一个 labadmin 目录，并在该目录下新建以下文件：
Course_data_input.php（课程编排录入）
Course_data_save.php（课程编排保存）
Course_data_dele.php（课程编排删除）

（2）打开 Couse_data_input.php 文件，Couse_data_input.php 文件页面设计如图 14-27 所示。其中，"实训室""班级""上课老师"的数据都通过相应的数据表查询输出。

图 14-27　Couse_data_input.php 文件页面设计

为减少用户频繁地提交保存操作，系统先将多条课程记录临时添加到操作界面中，用户一次提交保存即可。

在图 14-27 的空白单元格中，插入一个新的表，命名为"list"，设计 list 的表结构如图 14-28 所示。设计完成后的 Course_data_input 操作界面如图 14-29 所示。

图 14-28　设计 list 的表结构

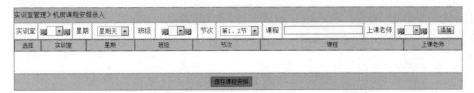

图 14-29 设计完成后的 Course_data_input 操作界面

（3）给“添加”按钮增加一个事件属性 onClick，调用自定义的 JS 函数 addtolist( )，代码如下：

```
<input type="button" name="button2" id="button2" value="添加"  onClick="addtolist( );"/>
```

在“代码”视图的<head></head>之间合适的位置，定义 JS 函数 addtolist( )，用于实现将每条编排课程，临时添加在 list 表中。

运行程序并添加几条编排课程的效果如图 14-30 所示。

选择	实训室	星期	班级	节次	课程	上课老师
☑	16-606	星期二	C15F33	12	PHP移动应用开发	林世鑫
☑	16-606	星期二	C15F33	34	HTML5移动WEB开发	杨廷华
☑	16-606	星期二	C15F33	56	JAVA程序设计	李金峰
☑	16-606	星期四	C16F38	56	数据结构	张根海

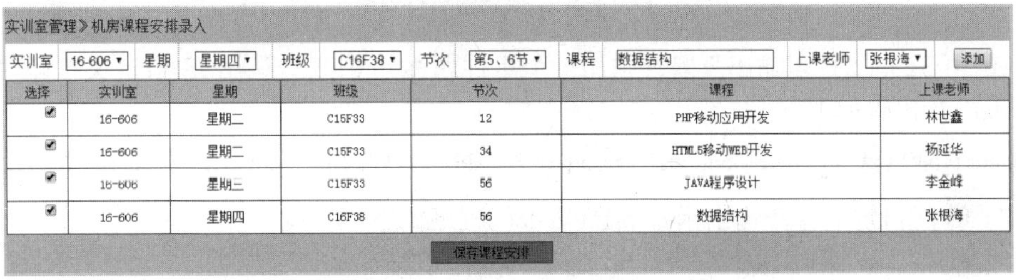

图 14-30 运行程序并添加几条编排课程的效果

注意：

利用 JavaScript 脚本程序，将每条课程添加到 list 表中，只是为了减少系统用户频繁进行提交保存操作，这些数据仅存在于客户端的浏览器，离开当前页面，数据即消失。

List 表的第一列“选择”采用复选框，当用户输入的某条课程编排数据有误时，取消该条数据的选择，可避免提交保存时将该条数据写入数据库。

（4）在 Course_data_save.php 文件中，编写保存课程编排的程序。完整程序可通过扫描封面二维码下载。

2. 打印使用登记数据

各实训室管理员将本实训室的使用登记数据，以周为单位，打印输出，以备存档所需。

打开 data_print.php 文件，设计输出报表的格式，并给报表命名为 tprint，tprint 报表如图 14-31 所示。

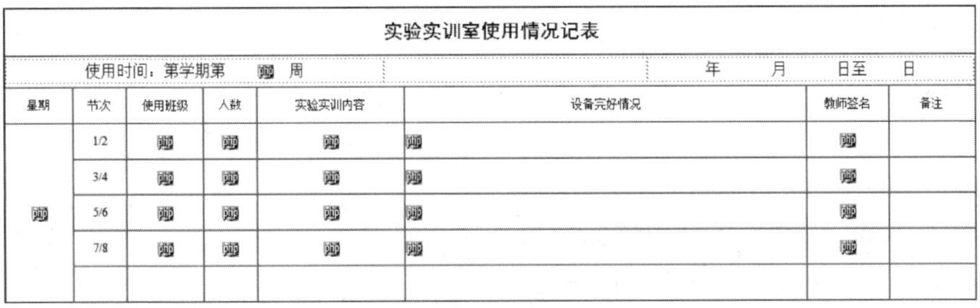

图 14-31 tprint 报表

自定义一个 PHP 函数，查询统计报表各个栏目的数据。

报表的运行效果如图 14-32 所示。

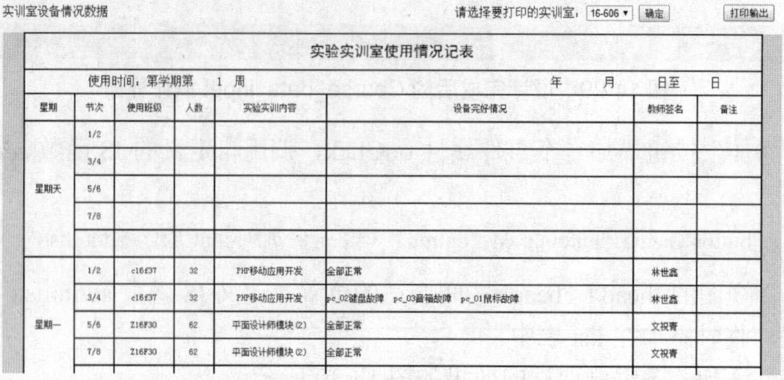

图 14-32　报表的运行效果

给图 14-32 的"打印输出"按钮添加一个事件属性 onClick，调用 JS 自定义打印输出函数 print_data( )，代码如下：

```
<input type="button" name="button2" id="button2" value="打印输出"　onClick="print_data( );"/>
```

编写 JS 的自定义打印输出函数 print_data( )程序如下：

```javascript
<script language='javascript'>
function print_data( )      //打印代码
{
    var print_tb=document.getElementById("tprint");
    var newWin=window.open("");
    newWin.document.write(print_tb.outerHTML);
    newWin.document.close( );
    newWin.focus( );
    newWin.print( );
}
</script>
```

14.4.7　使用登记模块的设计与实现

教师用户拥有系统"实训室使用情况登记"的权限。系统根据教师所选择的时间，查询相应的实训课程安排，提交该老师进行实训室设备使用情况登记。

1. 设备使用情况录入

（1）在系统根目录下新建一个子目录，命名为 teacher，并在 teacher 目录下新建以下文件列表：

Use_date_select.php（选择使用日期）

Use_data_input.php（设备使用情况录入）

Use_data_save.php（设备使用情况保存）

Use_data_list.php（设备情况登记列表）

（2）打开 Use_date_select.php 文件，选择使用日期的界面设计如图 14-33 所示。其中，"周次"下拉列表的选项为"第 1 周"～"第 20 周"，"节次"下拉列表的选项分别为"第 1、2 节""第 3、4 节""第 5、6 节"与"第 7、8 节"。

图 14-33　选择使用日期的界面设计

为简化用户操作，"日期"下拉列表的选项自动识别为当前时间是星期几，程序如下：

```php
<?php
    $w_int=date("w",time( ));
    $w_cn=array("星期天","星期一","星期二","星期三","星期四","星期五","星期六");
?>
  <select name="w" class="list" id="w">
<?php
    $key=0;
    foreach($w_cn as $v)
    {
        if($w_int==$key){?>
  <option value=<?php echo $key;?> selected="selected"><?php echo $v;?></option>    <?php }
else{?>
  <option value=<?php echo $key;?>><?php echo $v;?></option>
<?php }
        $key+=1;    }?>
  </select>
```

（3）在 Use_data_input.php 文件中，实训室设备情况登记设计界面如图 14-34 所示。

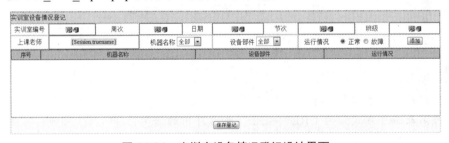

图 14-34　实训室设备情况登记设计界面

为减少教师对多台实训设备的数据进行登记时，反复进行提交保存的操作，参考"实训课程编排管理"的处理方案，先临时将所有设备的使用情况保存在浏览器的表中，再一次提交保存。

根据图 14-33 提交的时间，查出该教师的实训室课程安排数据，显示在图 14-34 中相应的位置。

Use_data_input.php 文件的运行效果如图 14-35 所示。完整程序可通过扫描封面二维码下载。

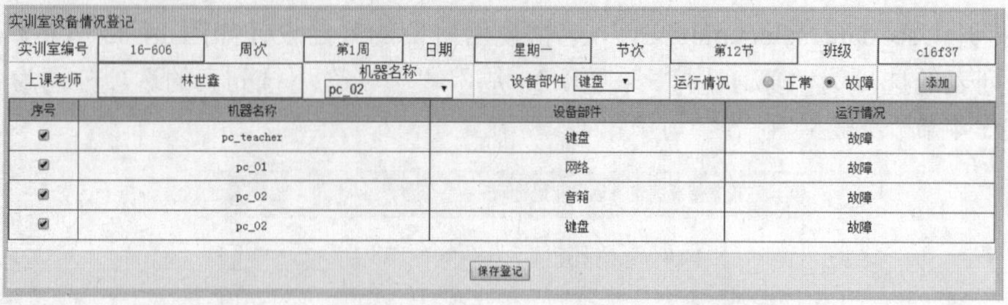

图 14-35 Use_data_input.php 文件的运行效果

2. 设备情况登记列表

（1）打开 Use_data_list.php 文件，设备情况登记列表效果如图 14-36 所示，设备情况登记列表设计界面如图 14-37 所示。其中，"周次""星期""节次""上课班级""故障描述""登记时间"等列支持排序显示。在图 14-36 中，数据按"登记时间"降序排序显示。完整程序可通过扫描封面二维码下载。

图 14-36 设备情况登记列表效果

图 14-37 设备情况登记列表设计界面

（2）使登记数据按照"周次"分别升、降序显示，并且支持分页处理。

 注意：

实现数据按某个字段升、降序显示的原理是对需要排序的字段添加链接，指向当前文件，并将该字段名及排序方式作为 URL 参数值，如程序中的语句：

<a href='use_data_list.php?st=desc&sk=l_zhou' class='field_sort'>周次↓</a>。

在数据显示前的查询中，先获取这两个 URL 参数，并在数据查询的 SQL 语句中，根据这两个参数值，进行相应的排序查询。如程序中的语句段：

```
if(isset($_GET['st']))   //排序方式与排序字段
{
    $s_t=$_GET['st'];
    $s_k=$_GET['sk'];
}
$sqls_list="select * from s_using_list   where l_teacher='".$_SESSION['truename']."' order by ".$s_k." ".$s_t;
```

14.5 系统的发布部署

系统开发完成、通过测试以后，即可部署到服务器上，发布运行。服务器可以根据条件选择不同类型的服务器，要求支持 PHP+MySQL 且性能能满足系统运行的需要。

本章以在百度的应用引擎 BAE 上发布为例，示范系统的发布操作过程。

1. 申请、购买百度 BAE

（1）在浏览器中进入百度云平台，使用自己的电子邮箱或手机免费注册一个百度账号，并进行实名认证（注：百度云必须通过实名认证才能申请购买其相关的产品服务）。

（2）单击浏览器上端的"管理控制台"，"管理控制台"界面如图 14-38 所示，进入百度云管理中心，如图 14-39 所示。

图 14-38 "管理控制台"界面

图 14-39 百度云管理中心

（3）单击"应用引擎 BAE"选项，进入"应用引擎 BAE-部署列表"界面，选择"BAE 基础版"下面的"部署列表"选项，"应用引擎 BAE-部署列表"界面如图 14-40 所示。

图 14-40 "应用引擎 BAE-部署列表"界面

（4）单击"添加部署"按钮，进入"添加部署"界面，如图 14-41 所示，在"模板选择"栏，选择"自定义"。

图 14-41 "添加部署"界面

（5）在"部署信息"界面，根据要求，选择、填写符合系统实情的信息。其中，"域名"是系统发布成功以后访问操作系统的唯一地址。"类型"选择"php5.4-web"，"代码版本工具"采用默认的"svn"即可。"部署信息"界面如图 14-42 所示。

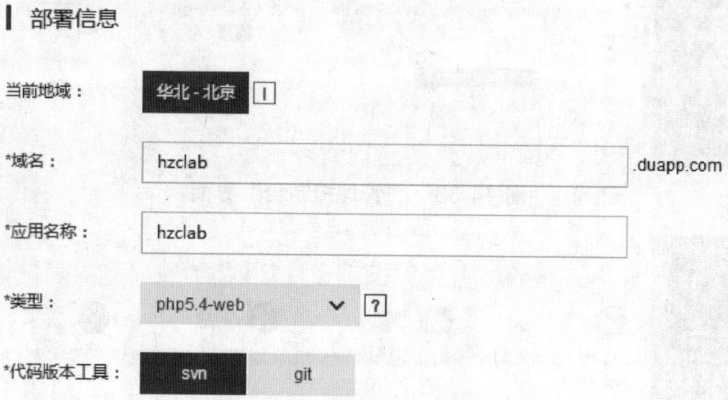

图 14-42 "部署信息"界面

（6）在"执行单元套餐"界面，选择服务器的配置参数，"执行单元套餐"界面如图 14-43 所示。配置越高，所需的费用也越高。具体的费用，可以在浏览器窗口右边的"所选配置"界面了解。"所选配置"界面如图 14-44 所示。

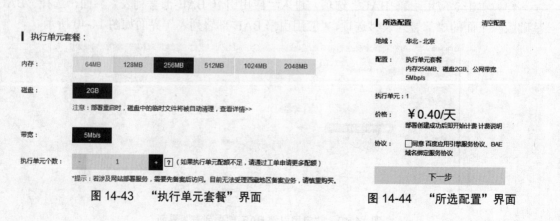

图 14-43 "执行单元套餐"界面　　　　图 14-44 "所选配置"界面

（7）选择如图 14-44 所示的"同意百度应用引擎服务协议、BAE 域名绑定服务协议"复选框，单击"下一步"按钮，进入订单确认界面，如图 14-45 所示，如确认无误，单击"去支付"按钮。如需更改，则单击"返回修改"按钮。

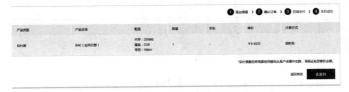

图 14-45 订单确认界面

（8）"开通成功"界面如图 14-46 所示，即百度应用引擎已申请成功，同时注册手机将会收到一条订单确认的信息。

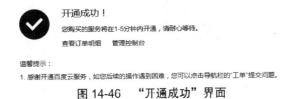

图 14-46 "开通成功"界面

 注意：

百度应用引擎 BAE 采用按天计费、后付费的方式，因此必须保证自己的百度账号中有足够的余额，如余额不足，可在"百度云—管理中心"页面中，通过"余额充值"进行充值操作。目前支持银行卡、百度钱包、支付定、微信等多种在线支付方式。

2. 申请 MySQL 扩展服务

（1）在"百度云管理中心—百度应用引擎 BAE"界面中，单击"BAE 基础版"下面的"扩展服务"选项，"扩展服务"界面如图 14-47 所示。

图 14-47 "扩展服务"界面

（2）单击"添加新服务"按钮，在弹出的菜单中，选择"MySQL"选项，进入"选择套餐"界面，如图 14-48 所示。目前百度支持免费的 MySQL 服务。

图 14-48 "选择套餐"界面

（3）参考"购买百度 BAE"的购买步骤，完成 MySQL 服务的购买操作，直至看到"开通成功"的界面，以及收到手机短信。开通成功以后，"扩展服务"列表如图 14-49 所示。

图 14-49　"扩展服务"列表

3. 部署数据库

（1）在"百度云"→"管理中心"→"扩展服务列表"中，单击"MySQL"列表右边对应的"phpMyAdmin"，单击"MySQL"列表的"phpMyAdmin"，如图 14-50 所示。

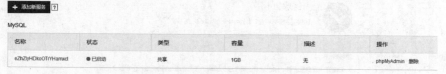

图 14-50　单击"MySQL"列表的"phpMyAdmin"

（2）打开"phpMyAdmin"界面，如图 14-51 所示，通过导入操作，将系统的本地数据库文件导入到百度云端。

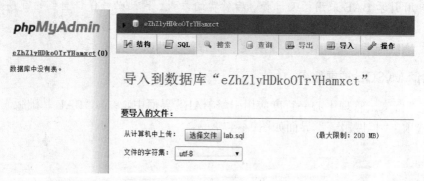

图 14-51　"phpMyAdmin"界面

（3）返回"百度云"→"管理中心"→"扩展服务列表"中，单击"MySQL"，进入数据库的详情页面，并记下相关数据信息。"MySQL 数据库"界面如图 14-52 所示。

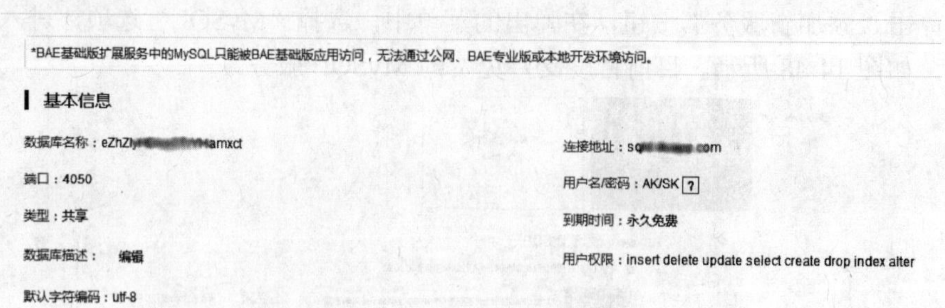

图 15-52　"MySQL 数据库"界面

（4）打开本地系统文件中的数据库链接文件 db_connect.php，将其中的数据库连接信息修改为百度云中的 MySQL 信息，并保存。修改数据库连接信息如图 14-53 所示。

```php
<?php
$db_server=getenv('HTTP_BAE_ENV_ADDR_SQL_IP');//百度的数据库服务器IP
$db_server.=":";
$db_server.=getenv('HTTP_BAE_ENV_ADDR_SQL_PORT');//百度的数据库服务器端口号
$db_user="c63c7b9d████████████d779889ee";      //数据库用户
$db_pass="44a5c491████████████cf4afbbcb";      //数据库密码
$db_name="eZhZlyHDkoOTrYHamxct";
$conn=@mysql_connect($db_server,$db_user,$db_pass,true);
if($conn)
    mysql_select_db($db_name);
else
{
    echo "数据库服务器无法连接";
    exit;
}
?>
```

图 14-53　修改数据库连接信息

注意：

出于安全考虑，数据库的连接用户名与密码，必须通过百度云的手机短信接收验证码才能查看并获取。

4. 安装 SVN

在前面的申请购买 BAE 操作中，我们申请"代码版本工具"是 SVN，因此，在部署系统文件之前，必须先在自己的机器上配置 SVN 工具。

（1）从 https://tortoisesvn.net/downloads.html 官网下载 SVN。目前针对操作系统的不同，有 32 位与 64 位两个版本，根据自己的操作系统选择合适的版本即可。

（2）下载完成以后，双击安装文件，开始安装 TortoiseSVN。前面两步单击"Next"按钮即可。进入组件选择与安装路径选择界面，单击"Browse"按钮，选择自己的安装路径，安装组件采用默认配置即可。组件选择与安装路径选择界面如图 14-54 所示。单击"Next"按钮，直至安装完成。

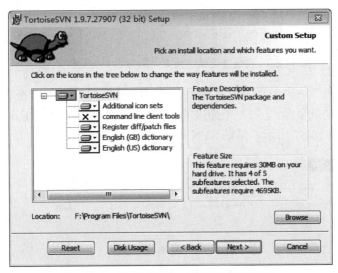

图 14-54　组件选择与安装路径选择界面

5. 部署系统到百度 BAE

（1）在自己的计算机中新建一个文件夹 lab_system，将已编辑完成的系统根目录下的文件与目录复制一份到该目录中，复制后的文件与目录如图 14-55 所示。

图 14-55　复制后的文件与目录

（2）在 lab_system 文件图标上右击，在快捷菜单中选择"SVN Checkout…"选项，如图 14-56 所示。

图 14-56　在快捷菜单中选择"SVN Checkout…"选项

（3）在"百度云"→"应用引擎 BAE 部署列表"中，单击"代码管理方式"下面的"点击复制"，将 SVN 地址复制到（2）中弹出的"Checkout"窗口的"URL direction"文本框中，复制 SVN 地址如图 14-57 所示。粘贴 SVN 地址如图 14-58 所示。

图 14-57　复制 SVN 地址

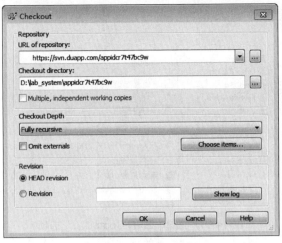

图 14-58　粘贴 SVN 地址

（4）单击"OK"按钮，弹出"Authentication"窗口如图 14-59 所示。在"Username"与"Password"两个文本框中分别填写自己的百度云用户名与登录密码，并单击"OK"按钮。

图 14-59　"Authentication"窗口

（5）如果用户名与密码正确的话，将通过验证与文件检查，弹出"Checkout Finished!"窗口，单击"OK"按钮。

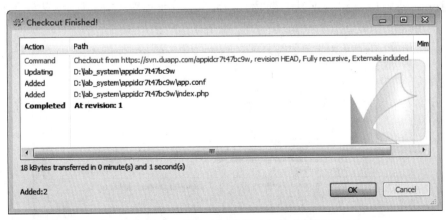

图 14-60　"Checkout Finished!"窗口

（6）返回本地目录 lab_system 再次右击，选择"SVN Commit…"选项，如图 14-61 所示。

图 14-61　选择"SVN Commit…"选项

（7）在弹出的文件选择窗口中，选择全部的文件，文件选择窗口如图 14-62 所示，并单击"OK"按钮。

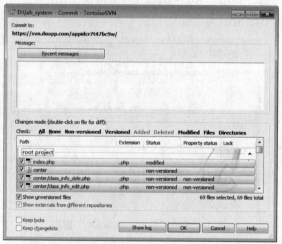

图 14-62　文件选择窗口

（8）TortoiseSVN 将进入文件上传阶段，SVN 上传文件如图 14-63 所示，请静待上传完成，然后单击"Finish"按钮。

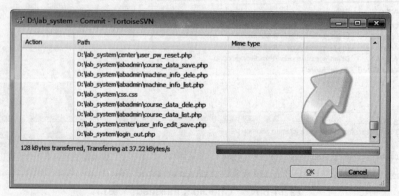

图 14-63　SVN 上传文件

（9）在"百度云"→"管理中心"→"部署列表"中，单击域名，即可在浏览器中打开已部署成功的系统界面，也可直接在浏览器的地址栏中，输出自己申请的域名直接访问已经部署成功的系统页面。已部署成功的系统界面如图 14-64 所示。

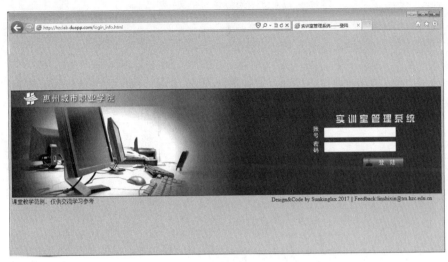

图 14-64　已部署成功的系统界面

反侵权盗版声明

  电子工业出版社依法对本作品享有专有出版权。任何未经权利人书面许可，复制、销售或通过信息网络传播本作品的行为，歪曲、篡改、剽窃本作品的行为，均违反《中华人民共和国著作权法》，其行为人应承担相应的民事责任和行政责任，构成犯罪的，将被依法追究刑事责任。

  为了维护市场秩序，保护权利人的合法权益，我社将依法查处和打击侵权盗版的单位和个人。欢迎社会各界人士积极举报侵权盗版行为，本社将奖励举报有功人员，并保证举报人的信息不被泄露。

举报电话：（010）88254396；（010）88258888
传　　真：（010）88254397
E-mail：dbqq@phei.com.cn
通信地址：北京市海淀区万寿路173信箱
　　　　　电子工业出版社总编办公室
邮　　编：100036